# Eureka Math®

## 2학년
## 모듈 8

Great Minds PBC is the creator of Eureka Math®,
Wit & Wisdom®, Alexandria Plan™, and PhD Science™.

Published by Great Minds PBC. greatminds.org



ISBN 978-1-64929-203-2

1  2  3  4  5  6  7  8  9  10  CCD  25  24  23  22  21  20

Printed in the USA

# 배우기 ◆ 연습하기 ◆ 성공하기

*Eureka Math*®학생용 자료 *단위 이야기*® (K–5)는 *학습, 연습, 성공* 트리오에서 확인할 수 있습니다. 이 시리즈는
학생용 자료집을 체계적으로, 이용하기 쉽게 유지하여 다른 책들과 차별화되며 교육 과정 도움을 드립니다.
교육자들은 *학습, 연습, 성공* 시리즈가 또한 일관적이며 중재 반응 모델 (RTI), 추가 연습 및 여름 방학 동안 학습을
위한 보다 효과적인 자료를 제공하는 것을 알게 될 것입니다.

## 배우기

*Eureka Math 배우기*는 학생들의 사고를 보여주고, 알고 있는 것을 공유하며, 지식이 매일 쌓이는 것을 지켜보는
학생의 같은 반 친구 역할을 합니다. *배우기*는 응용 문제, 마무리 평가, 문제 세트, 템플릿 등 일상 수업을 쉽게
보관하고 찾아볼 수 있는 양으로 구성됩니다.

## 연습하기

모든 *Eureka Math* 수업은 Eureka Math 연습하기에서 찾아볼 수 있는 활동을 포함한 활기차고 즐거운,
실력 향상 연습문제로 시작합니다. 수학적 사실에 능숙한 학생들은 더 많은 자료를 더 깊이 익힐 수 있습니다.
*연습과 함께*, 학생들은 새로 습득한 기술에 대한 역량을 키우고 다음 수업을 위해 이전에 배웠던 사실을
한 번 더 복습해볼 수 있습니다.

*배우기*와 연습하기 모두 핵심적인 수학 수업에서 사용할 모든 프린트를 제공합니다.

## 성공하기

*Eureka Math 성공하기*는 학생들이 수학을 마스터할 수 있도록 자습할 수 있는 환경을 제공합니다. 이러한 추가
문제 세트는 수업별 진도에 맞춰 배정되므로, 숙제 또는 추가 연습에 이상적입니다. 각 문제 세트에는 유사한
문제를 해결하는 방법을 보여주는 예제가 포함된 숙제 도우미가 들어있습니다.

교사 및 과외 교사는 이전 학년 수준의 *성공하기* 책을 사용하여 학생들 간의 기초 지식 격차를 줄이기 위한 일관된
커리큘럼 유지 도구로서 사용할 수 있습니다. 학생들에게 친숙한 책 구성으로 현재 학년 수준의 내용을 더 쉽게
이해할 수 있게 되어, 더 빠르게 향상되고 발전할 것입니다.

# 학생, 가족 및 교육자:

수학의 기쁨, 놀라움, 전율을 축하할 수 있는 *Eureka Math*® 커뮤니티의 일원이 되어주셔서 감사합니다.

*Eureka Math* 교실에서는 풍부한 경험과 대화를 통해 새롭게 학습할 수 있습니다. *배우기* 책은 각 학생의 손에 수업 시간에 배운 내용을 표현하고 통합하는 데 필요한 프롬프트와 문제 순서를 제시합니다.

## *배우기 책 안에는 어떤 내용이 들어있나요?*

**응용문제:** 실제 상황에서 문제 해결은 *Eureka Math에서는 매일 해야 하는 일입니다.* 학생들은 새롭고 다양한 상황에서 지식을 적용할 때 자신감과 인내심을 키울 수 있습니다. 커리큘럼에서는 학생들이 문제 읽기 (Read the problem), 문제를 이해하기 위해 그림을 그리기 (Draw to make sense of the problem), 식과 해답을 쓰기 (Write an equation and solution)의 RDW 과정을 사용하도록 권장합니다. 학생들이 자신이 공부한 것을 공유하고, 서로 해결 전략을 설명해줄 것이기에 교사들에게도 도움이 됩니다.

**문제 세트:** 신중하게 구성된 문제 세트는 차별화를 위한 여러 진입점을 두어, 수업 내에서 자습할 기회를 제공합니다. 교사는 준비 및 사용자 정의 프로세스를 사용하여 각 학생을 위한 "반드시 풀어야 할" 문제를 선택할 수 있습니다. 어떤 학생들은 다른 학생들보다 더 많은 문제를 풀 수도 있지만, 중요한 점은 모든 학생이 선생님의 도움을 거의 받지 않고 스스로 자신이 배운 것을 바로 활용할 수 있는 10분짜리 쉬는 시간이 있다는 점입니다.

학생들은 각 단원에서 정점을 이루는 스스로 생각해보기로 문제 세트를 이어갈 것입니다. 여기에서 학생들은 반 친구들 및 선생님과 함께, 그날 궁금했던 것, 깨달은 것, 배운 것을 확실하게 설명하고 공고히 해 반영해볼 수 있습니다.

**마무리 평가:** 학생들은 매일 마무리 평가를 학습해 자신이 아는 것을 교사에 보여줄 수 있습니다. 얼마나 확인했는지 확인할 수 있는 이것은 교사에게 그 날 수업이 어땠는지 실시간으로 알려주는 귀중한 자료가 되어, 다음에는 어떤 부분에 집중해야 할지를 알려주는 중요한 인사이트를 제공할 수 있습니다.

**템플릿:** 때때로, 응용문제, 문제 세트 또는 기타 교실 활동을 하기 위해 학생들이 자신만의 그림, 재사용할 수 있는 모형 또는 데이터 세트를 가지고 있어야 합니다. 이러한 각 템플릿에는 필요한 첫 번째 수업이 제공됩니다.

## *어디서 Eureka Math 자료를 더 알아볼 수 있을까요?*

Great Minds® 팀은 eureka-math.org에서 계속해서 업데이트되는 자료 라이브러리를 통해 지속적으로 학생, 가족 및 교육자를 도와드리기 위해 노력하고 있습니다. 또한, 웹사이트에서는 *Eureka Math* 커뮤니티의 놀라운 성공 스토리를 확인하실 수 있습니다. 여러분의 인사이트와 성취를 다른 사용자들과 공유해서 *Eureka Math* 챔피언이 되어보세요.

놀라운 순간으로 가득 찬 1년이 되기를 기원합니다!

질 디니즈
수학 책임자
Great Minds

# 읽기–그리기–쓰기 과정

*Eureka Math* 커리큘럼은 교사가 도입한 단순하고 반복 가능한 프로세스를 사용하여 학생들이 문제를 해결하고자 할 때 도움이 됩니다. 읽기–그리기–쓰기 (RDW) 과정에서 학생들은 다음처럼 행동해야 합니다.

1. 문제를 읽으세요.

2. 그리고 표시하세요.

3. 식을 쓰세요.

4. 단어로 된 문장(명제)을 작성하세요.

교육자들은 다음과 같은 질문을 통해 과정을 돕도록 합니다.

- 무엇을 봅니까?

- 무언가를 그릴 수 있습니까?

- 그림에서 어떤 결론을 내릴 수 있습니까?

더 많은 학생들이 이 체계적이고 개방적 접근 방식을 통해 문제 추론에 참여할수록, 이 사고 과정을 내재화하고 앞으로도 문제 해결 상황에서 본능적으로 이 프로세스를 적용할 수 있을 것입니다.

# 내용

## 모듈 8: 시간, 도형 및 도형의 등분으로써 분수

## R (문제를 주의 깊게 읽으세요.)

테렌스는 12개의 이쑤시개로 도형을 만들고 있습니다. 이쑤시개를 모두 사용하여 그가 만들 수 있는 3가지 도형을 만듭니다. 다른 조합은 몇 개가 있을까요?

## D (그림을 그리세요.)

이름 ___________________________　　날짜 _____________

1. 각 도형의 변과 각의 수를 확인하세요. 필요한 경우, 각을 셀 때 각 각에 동그라미를 하세요. 첫 번째는 여러분을 위해 이미 완성되어 있습니다.

a.
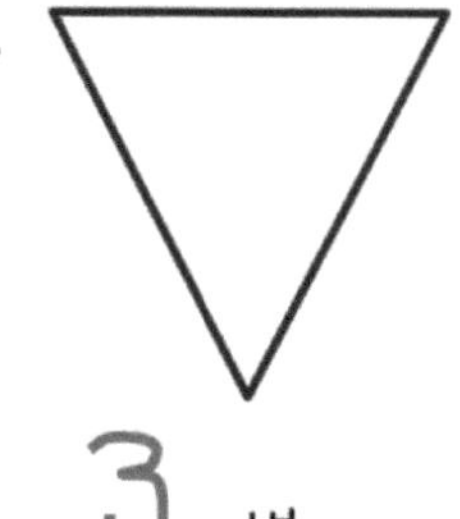

___3___ 변

___3___ 각도

b.
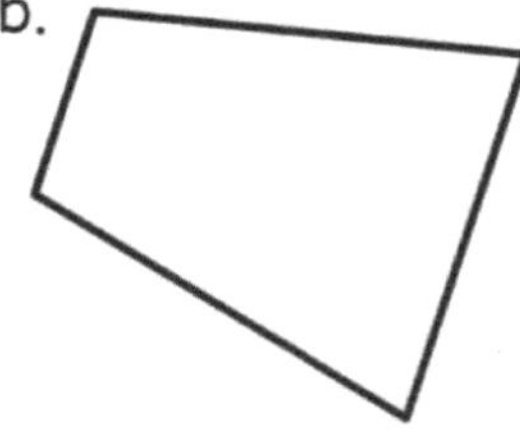

_____ 변

_____ 각도

c.
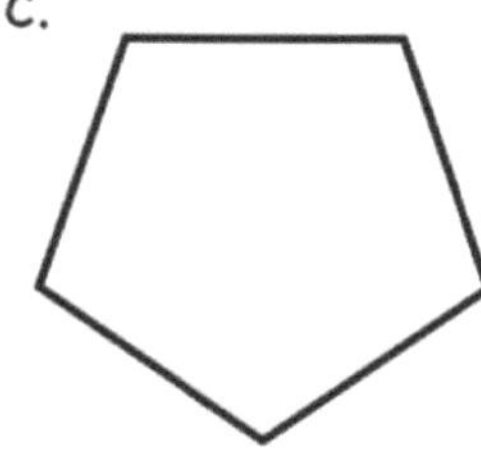

_____ 변

_____ 각도

d.
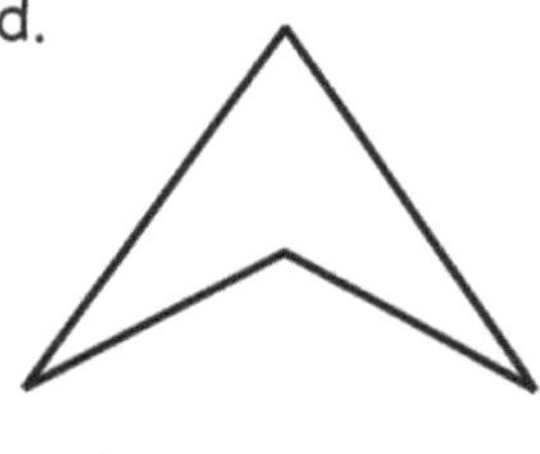

_____ 변

_____ 각도

e.
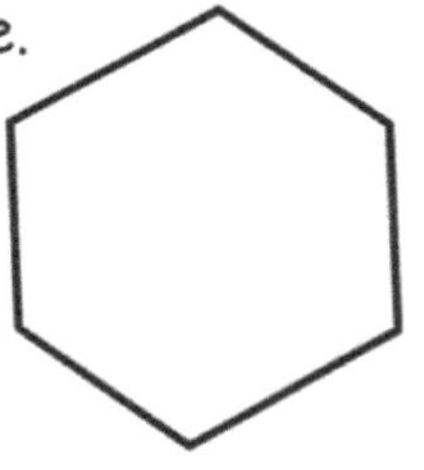

_____ 변

_____ 각도

f.
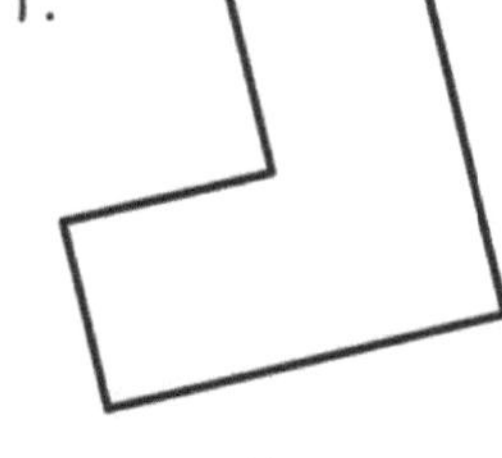

_____ 변

_____ 각도

g.
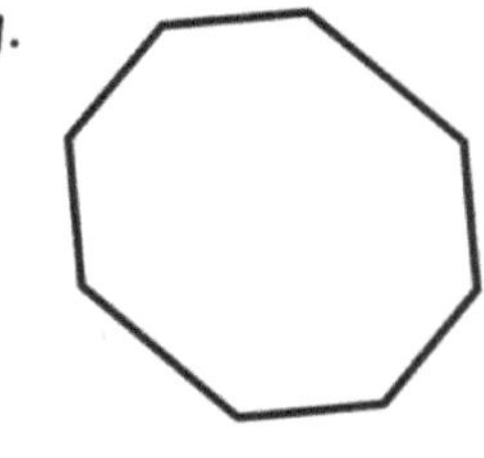

_____ 변

_____ 각도

h.
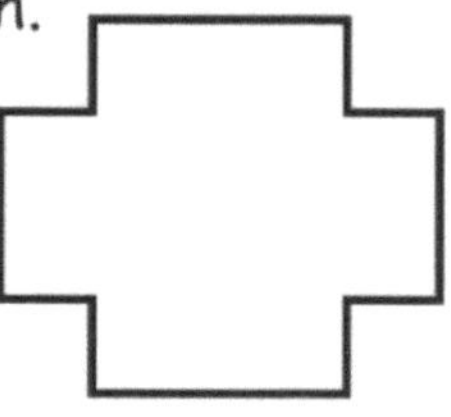

_____ 변

_____ 각도

i.

_____ 변

_____ 각도

2. 아래 도형을 잘 살펴보세요. 그런 다음 질문에 대답하세요.

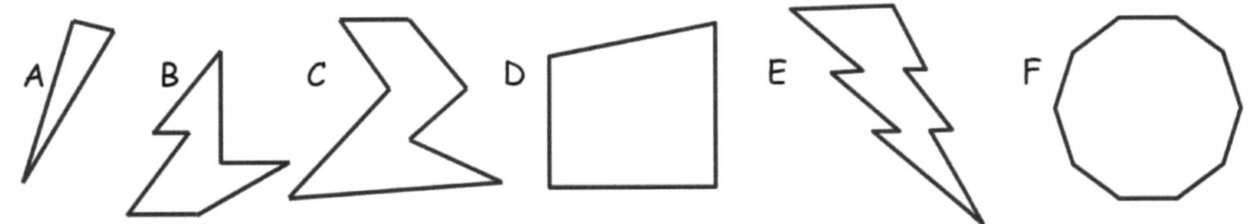



a. 어느 도형이 가장 많은 변을 가지고 있나요? __________

b. 어떤 도형이 C 도형보다 각을 3개 더 가지고 있을까요? __________

c. 어떤 도형이 B 도형보다 변을 3개 더 적게 가지고 있나요? __________

d. C 도형은 A 도형보다 각을 몇 개 더 많이 가지고 있을까요? __________

e. 이 도형 중 변과 각의 수가 같은 도형은 어떤 것인가요? __________

3. 에단은 아래의 두 도형이 모두 6개의 변을 가진 도형이지만 크기만 다를 뿐이라고 했습니다. 왜 그가 틀렸는지 설명하세요.

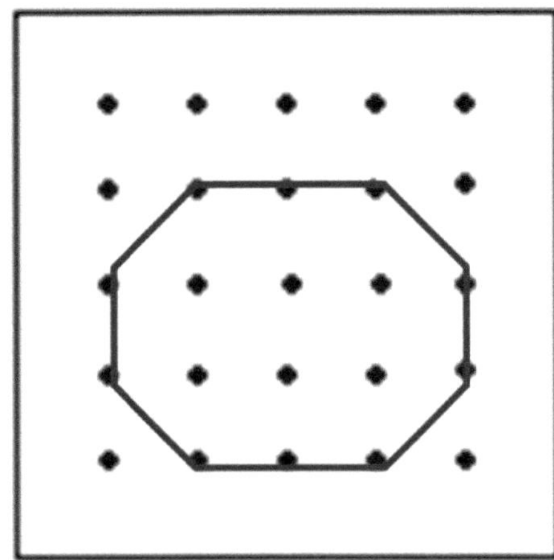 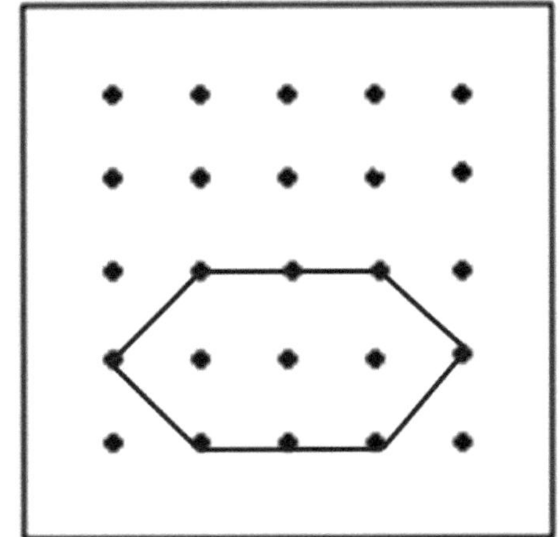

______________________________________________

______________________________________________







**EUREKA MATH®**

이름 ______________________________　　　날짜 ______________

아래 도형을 잘 살펴보세요. 그런 다음 질문에 대답하세요.

A 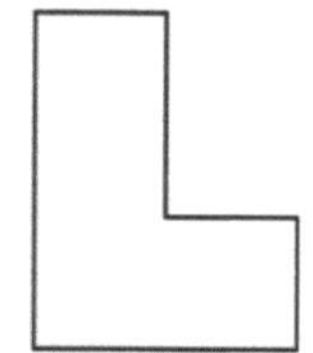　　B 　　C 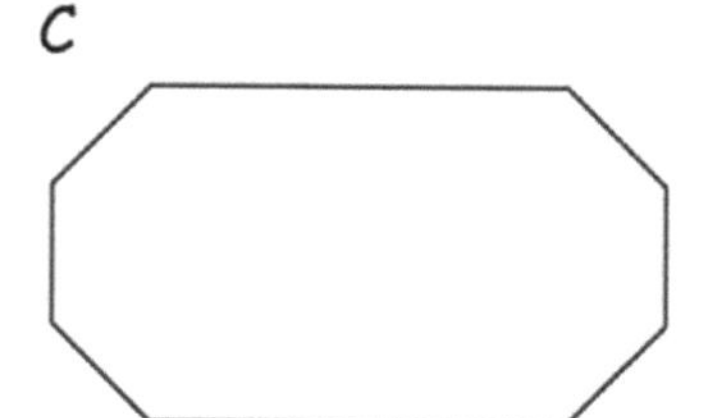　　D 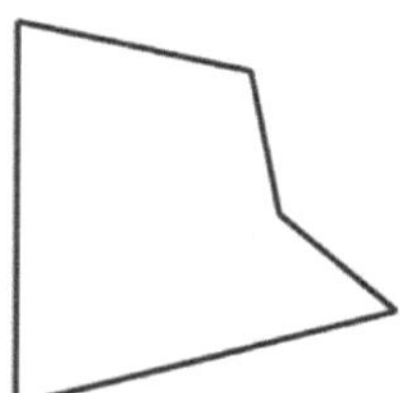

1. 어느 도형이 가장 많은 변을 가지고 있나요? ___________

2. 어떤 도형이 C 도형보다 각을 3개 더 적게 가지고 있을까요? ___________

3. 어떤 도형이 B 도형보다 변을 3개 더 많이 가지고 있나요? ___________

4. 이 도형 중 변과 각의 수가 같은 도형은 어떤 것인가요? ___________

# R (문제를 주의 깊게 읽으세요.)

삼각형을 몇 개 찾을 수 있나요? (힌트: 10개밖에 못 찾았다면 계속 찾아보세요!)

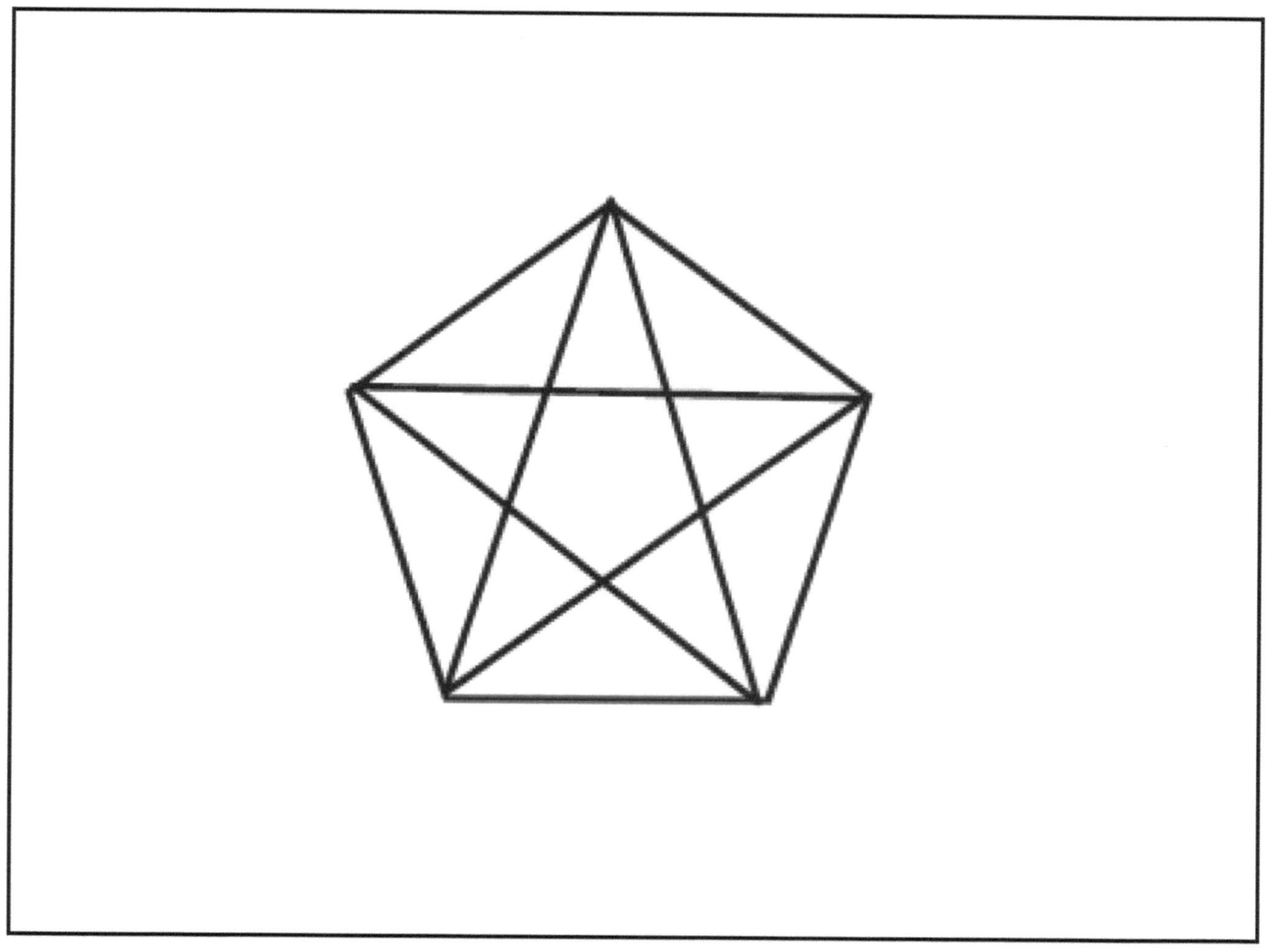



**EUREKA MATH**

2과:　　지정된 속성으로 2차원 도형을 작성, 식별, 분석하세요.

## W (이야기와 일치하는 문장을 작성하세요.)

_______________________________________________

_______________________________________________

_______________________________________________



2과: 지정된 속성으로 2차원 도형을 작성, 식별, 분석하세요.

**EUREKA MATH**

이름 ________________________________　　날짜 ________________

1. 각 다각형을 알아보기 위해 각 도형의 변과 각의 수를 세어보세요. 단어 상자의 다각형 이름은 두 번 이상 사용할 수 있습니다.

| 육각형 | 사분면 | 삼각형 | 오각형 |
| --- | --- | --- | --- |

a. 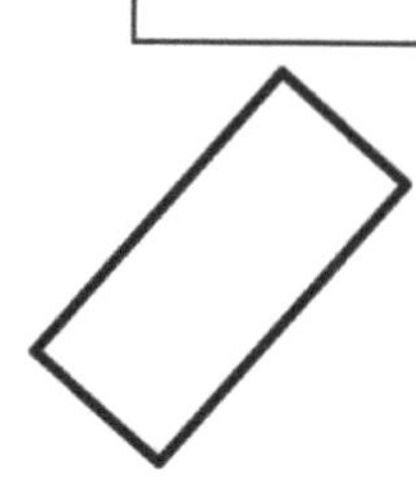

__________________

b. 

__________________

c. 

__________________

d. 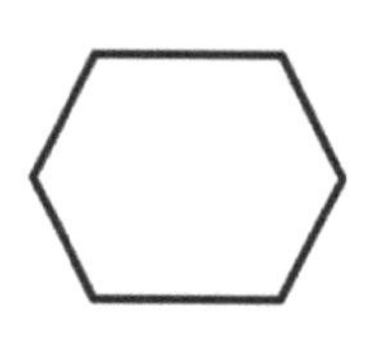

__________________

e. 

__________________

f. 

__________________

g. 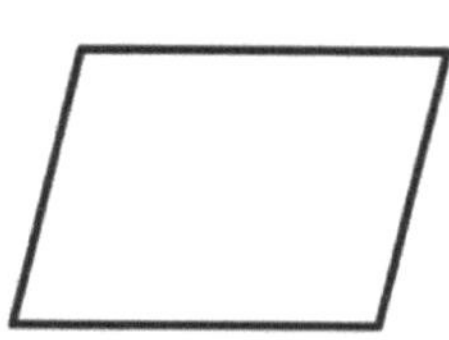

__________________

h. 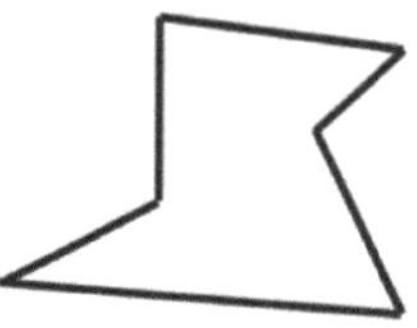

__________________

i. 

__________________

j. 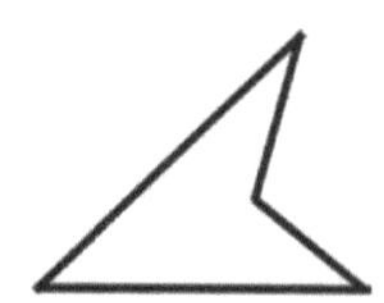

__________________

k. 

__________________

l. 

__________________

2. 더 많은 변을 그려서 각 다각형의 두 가지 예를 완성하세요.

| | 예시 1 | 예시 2 |
|---|---|---|
| **a. 삼각형**<br>각 예에서,______개의 직선이 추가되었습니다.<br>삼각형은총______개의 변이 있습니다. | | |
| **b. 육각형**<br>각 예에서,______개의 직선이 추가되었습니다.<br>육각형에는 총______개의 변이 있습니다. | | |
| **c. 사변형**<br>각 예에서,______개의 직선이 추가되었습니다.<br>사변형에는 총______개의 변이 있습니다. | | |
| **d. 오각형**<br>각 예에서,______개의 직선이 추가되었습니다.<br>호각형에는 총______개의 변이 있습니다. | | |

3.
　a. 다각형 *A*와 B가 모두 육각형인 이유를 설명하세요.

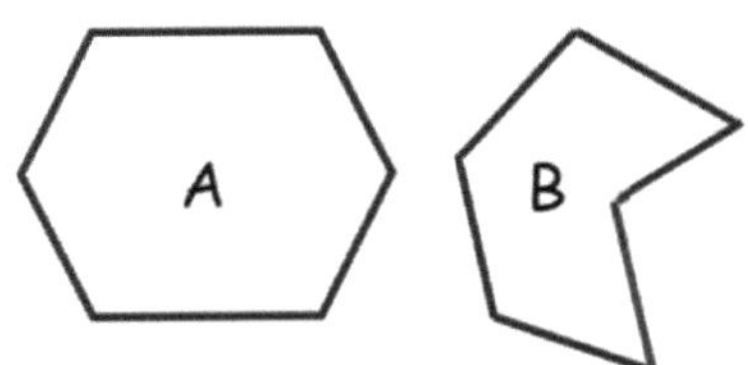

　　_______________________________________

　　_______________________________________

　b. 보여지는 두 개의 육각형과 다른 육각형을 그리세요.

4. 다각형 *C*와 D가 모두 사변형인 이유를 설명하세요.

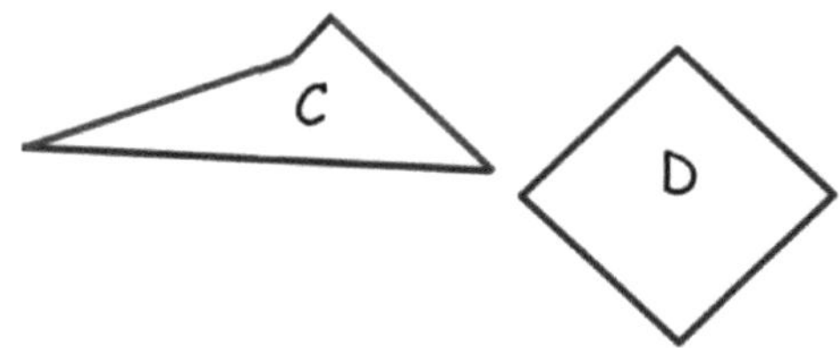

　_______________________________________

　_______________________________________


**2과:**　지정된 속성으로 2차원 도형을 작성, 식별, 분석하세요.

EUREKA MATH®

이름 _______________________________　　날짜 _______________

각 다각형을 알아보기 위해 각 도형의 변과 각의 수를 세어보세요. 단어 상자의 다각형 이름은
두 번 이상 사용할 수 있습니다.

| 육각형 | 사변형 | 삼각형 | 오각형 |
|---|---|---|---|

1.

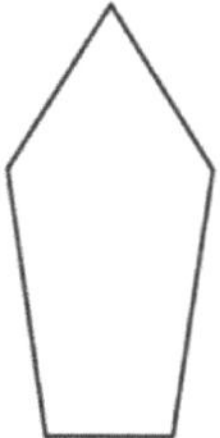

_______________

2.

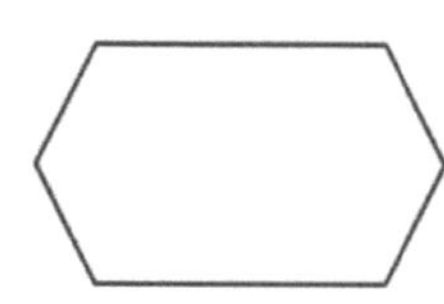

_______________

3.

_______________

4.

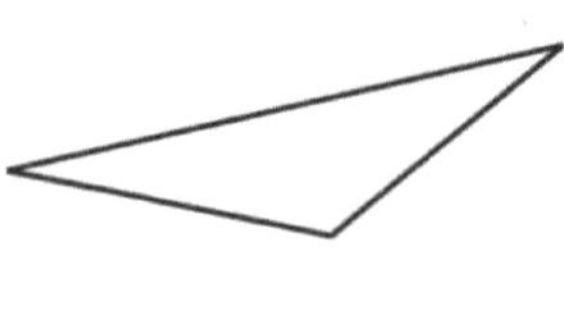

_______________

5.

_______________

6.

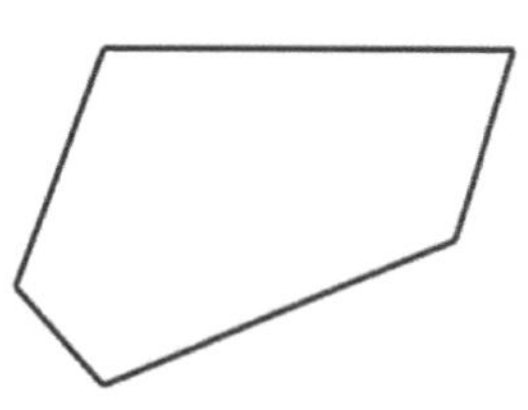

_______________

## R (문제를 주의 깊게 읽으세요.)

사변형의 세 변의 길이는 19cm, 23cm, 26cm입니다. 도형 주위의 총 거리가 86cm인 경우 네 번째 변의 길이는 얼마입니까?

## D (그림을 그리세요.)

## W (식을 작성하고 풀어보세요.)

## W (이야기와 일치하는 문장을 작성하세요.)



3과: 속성을 사용하여 삼각형, 사변형, 오각형, 육각형을 포함한 다른 다각형을 그리세요.

이름 ___________________________  날짜 ___________

1. 직선자를 사용하여 오른쪽 공간에 주어진 속성을 가진 다각형을 그리세요.

   a. 3개의 각을 가진 다각형을 그리세요.

   변의 수: _______

   다각형 이름: _______________

   b. 5개의 변을 가진 다각형을 그리세요.

   각의 수: _______

   다각형 이름: _______________

   c. 4개의 각을 가진 다각형을 그리세요.

   변의 수: _______

   다각형 이름: _______________

   d. 6개의 변을 가진 다각형을 그리세요.

   각의 수: _______

   다각형 이름: _______________

   e. 여러분의 다각형을 짝꿍의 다각형과 비교해보세요.

   오른쪽의 공간에 여러분의 것과 다른 예를 한 가지 따라 그리세요.

2. 직선 자를 사용하여 첫 번째 페이지에서 그린 것과 다른 각 다각형의 두 가지 새로운 예를 그려보세요.

   a. 삼각형

   b. 오각형

   c. 사변형

   d. 육각형



3과:   속성을 사용하여 삼각형, 사변형, 오각형, 육각형을 포함한 다른 다각형을 그리세요.



EUREKA MATH

이름 ________________________________　　날짜 ______________

직선 자를 사용하여 오른쪽 공간에 주어진 속성을 가진 다각형을 그리세요.

**5**개의 변을 가진 다각형을 그리세요.

각의 수: _______
다각형 이름: ____________

이름 _________________________________     날짜 ______________

1. 눈금자를 사용하여 길이가 다른 두 개의 평행선을 그리세요.

2. 눈금자를 사용하여 길이가 같은 평행선 두 개를 그리세요.

3. 크레용을 사용하여 각 사변형의 평행선을 따라 그리세요. 두 세트의 평행선이 있는 각 도형마다 두 가지 다른 색상을 사용하세요. 색인 카드를 사용하여 각 직각 모서리를 찾아 상자를 그리세요.

a.     b.     c. 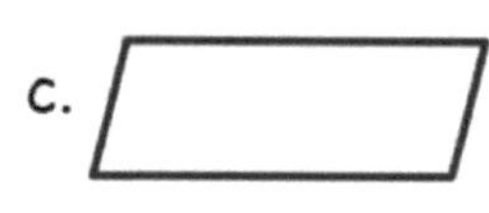    d. 

e.     f.    g.     h. 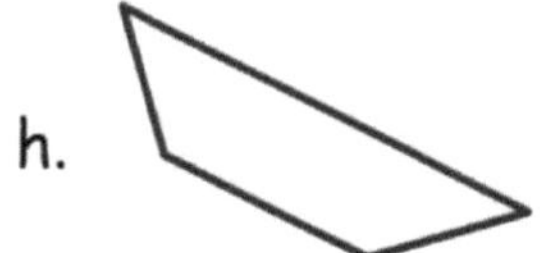

4. 직각 모서리가 없는 평행 사변형을 그리세요.

5. 4개의 직각 모서리가 있는 사각형을 그리세요.

6. 오른쪽의 도형의 변을 센티미터 눈금자를 사용하여 측정하고 길이를 표시하세요. 무엇을 발견했나요? 이 사변형의 속성에 대해 이야기를 나눌 준비를 하세요. 이 다각형을 뭐라고 부르는지 기억나나요?

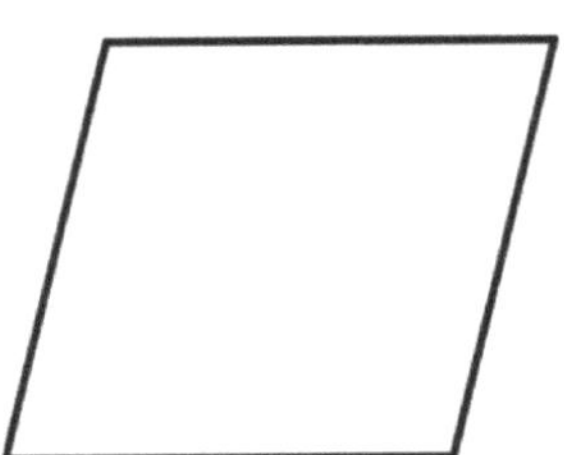

7. 정사각형은 특별한 직사각형입니다. 무엇이 특별합니까?

_______________________________________________

_______________________________________________



4과:　사각형, 마름모, 평행 사변형 및 사다리꼴을 포함한 다양한 사변형을 구분하고 그리기 위해 속성을 사용하세요.

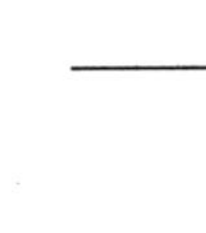

이름 _______________________________    날짜 _______________

각 사변형에서 평행한 변을 따라그리기 위해 크레용을 사용하세요. 색인 카드를 사용하여
각 직각 모서리를 찾아 상자를 그리세요.

1. 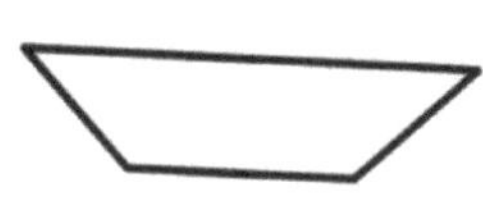    2.    3. 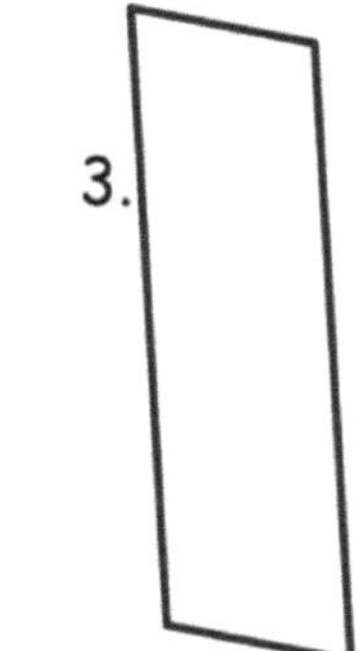    4.

**4과:**   사각형, 마름모, 평행 사변형 및 사다리꼴을 포함한 다양한 사변형을 구분하고
그리기 위해 속성을 사용하세요.

# R (문제를 주의 깊게 읽으세요.)

오웬은 오각형을 만들기 위한 90개의 빨대를 가지고 있었습니다. 그가 숫자 패턴을 알아챘을 때 5개의 오각형 세트를 만들었습니다. 얼마나 더 많은 도형을 패턴에 추가할 수 있을까요?

# D (그림을 그리세요.)

# W (식을 작성하고 풀어보세요.)

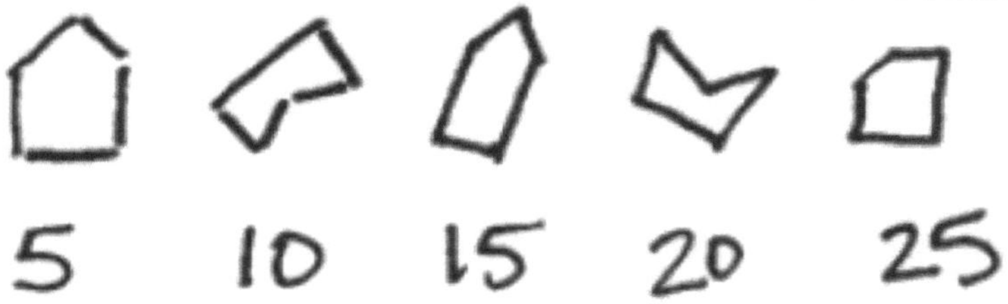

## W (이야기와 일치하는 문장을 작성하세요.)

---

---

---



5과:     정사각형을 정육면체와 관련시키고 속성을 기반으로 정육면체를 설명하세요.

이름 ___________________________________　　날짜 ________________

1. 정육면체의 면 될 수 있는 도형에 동그라미를 하세요.

2. 동그라미 한 도형의 가장 정확한 이름은 무엇입니까? ________

3. 정육면체는 몇 개의 면을 가지고 있습니까? ________

4. 정육면체는 몇 개의 가장자리를 가지고 있습니까? ________

5. 정육면체는 몇 개의 모서리를 가지고 있습니까? ________

6. 6개의 정육면체를 그리고 제일 잘 그린 것 옆에 별을 그리세요.

| 첫 번째 정육면체 | 두 번째 정육면체 |
|---|---|
| 세 번째 정육면체 | 네 번째 정육면체 |
| 다섯 번째 정육면체 | 여섯 번째 정육면체 |

7. 정사각형의 모서리를 연결하여 정육면체의 다른 종류의 그림을 그리세요. 첫 번째는 여러분을 위한 예시입니다.

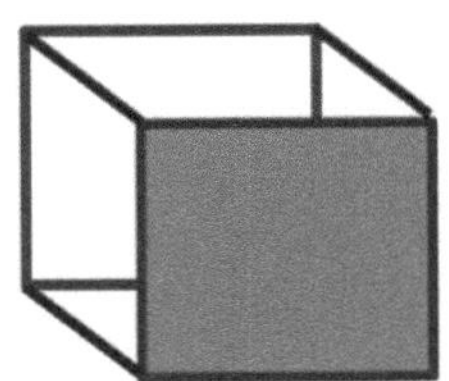 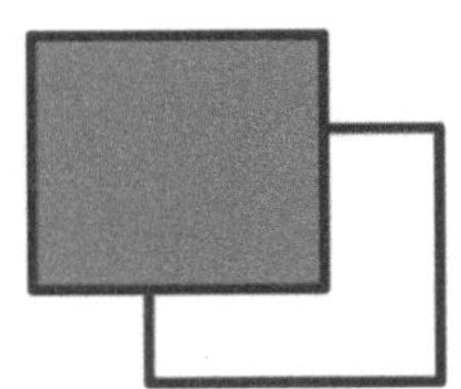 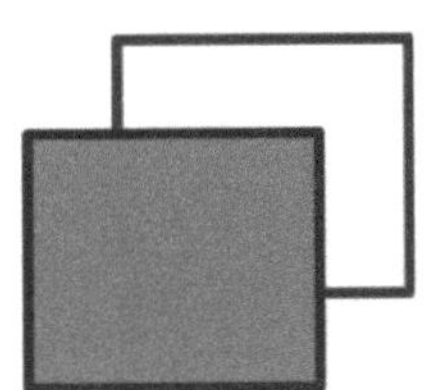 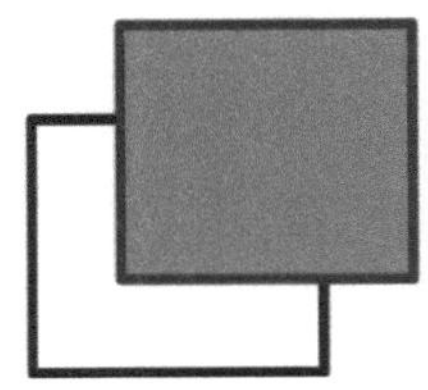

8. 데릭은 아래 정육면체를 보았습니다. 그는 정육면체에 3개의 면만 있다고 말했습니다. 데릭이 왜 틀렸는지 설명하세요.

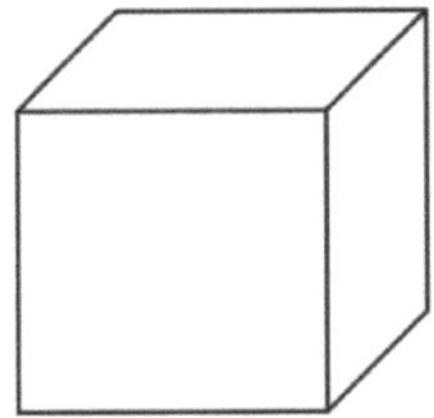

_________________________________________________

_________________________________________________

_________________________________________________





EUREKA MATH

이름 _______________________________    날짜 _______________

**3**개의 정육면체를 그리세요. 제일 잘 그린 것 옆에 별을 그리세요.

<table>
<tr><td></td><td></td><td></td></tr>
</table>

5과:    정사각형을 정육면체와 관련시키고 속성을 기반으로 정육면체를 설명하세요.    27

## R (문제를 주의 깊게 읽으세요.)

프랭크는 조시보다 정육면체를 19개 적게 가지고 있습니다. 프랭크는 56개의 정육면체를 가지고 있습니다. 그들은 그들이 가진 모든 정육면체를 사용하여 탑을 쌓으려고 합니다. 그들은 몇 개의 정육면체를 사용할까요?

## D (그림을 그리세요.)

## W (식을 작성하고 풀어보세요.)

## W (이야기와 일치하는 문장을 작성하세요.)

_______________________________________________

_______________________________________________

_______________________________________________



6과:     도형을 결합하여 복합 도형을 만드세요. 복합 도형으로 새 도형을 만드세요.

이름 ________________________________　　　날짜 ________________

1. 탱그램에 표시된 각 다각형을 아래 공간에서 가능한 한 정확하게 식별하세요.

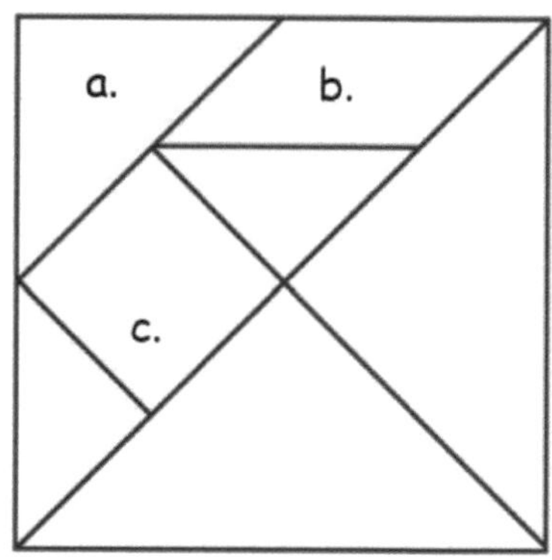

a. ________________________________

b. ________________________________

c. ________________________________

2. 탱그램 조각의 정사각형과 가장 작은 삼각형 두 개를 사용하여 다음 다각형을 만드세요. 제공된 공간에 그리세요.

| a.  1쌍의 평행한 변이 있는 사변형. | b.  직각 모서리가 없는 사변형. |
|---|---|
|  |  |
| c.  4개의 직각 모서리가 있는 사변형. | d.  1개의 직각 모서리가 있는 삼각형. |
|  |  |

3. 탱그램 조각의 평행 사변형과 가장 작은 삼각형 두 개를 사용하여 다음 다각형을 만드세요. 제공된 공간에 그리세요.

| | |
|---|---|
| a.   1쌍의 평행한 변이 있는 사변형. | b.   직각 모서리가 없는 사변형. |
| c.   4개의 직각 모서리가 있는 사변형. | d.   1개의 직각 모서리가 있는 삼각형. |

4. 평행 사변형과 두 개의 가장 작은 삼각형을 재배치하여 육각형을 만드세요. 아래에 새로운 도형을 그리세요.

5. 탱그램 조각을 재정렬하여 다른 다각형을 만드세요! 과정을 따라가며 그것들이 무엇인지 확인하세요.





EUREKA MATH

이름 ___________________________________    날짜 ________________

탱그램 조각을 사용하여 두 개의 새로운 다각형을 만드세요. 각각의 새 다각형의 그림을 그리고 이름을 지정하세요.

1.

2.

탱그램을 **7**개의 퍼즐 조각으로 자르세요.

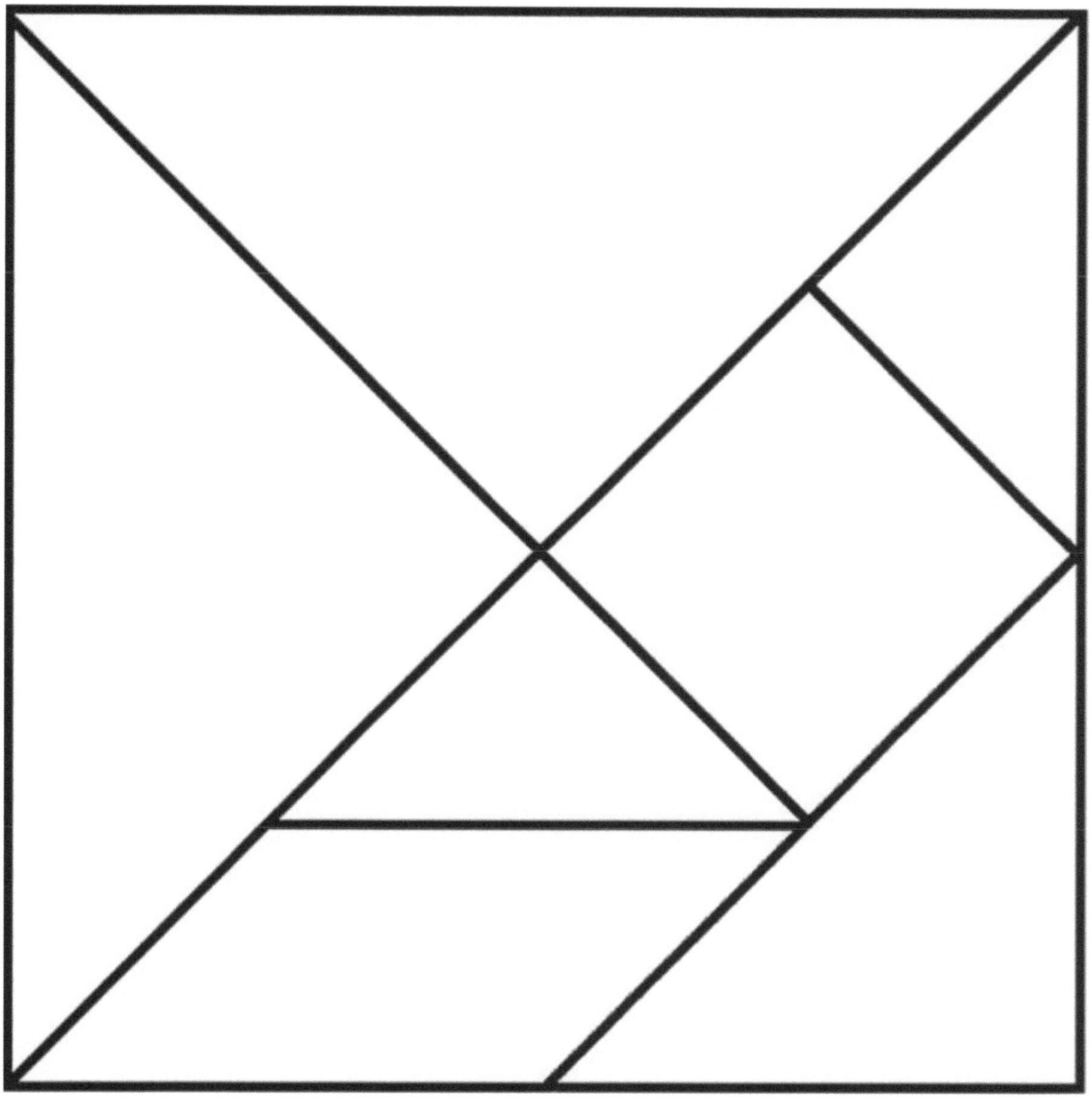

탱그램

## R (문제를 주의 깊게 읽으세요.)

리베리언 선생님의 학생들은 탱그림 조각을 집어 들고 있습니다. 그들은 평행 사변형 13개, 큰 삼각형 24개, 작은 삼각형 24개, 중간 삼각형 13개를 모읍니다. 나머지는 정사각형입니다. 그들이 97조각을 모으면 얼마나 많은 정사각형이 있을까요?

## D (그림을 그리세요.)

## W (식을 작성하고 풀어보세요.)

## W (이야기와 일치하는 문장을 작성하세요.)

________________________________________

________________________________________

________________________________________



7과:　　복합 도형의 2등분, 3등분, 4등분으로 등분을 해석하세요.

이름 _________________________    날짜 _______________

1. 탱그램 조각을 사용하여 다음 퍼즐을 풀어보세요. 아래 공간에 풀이 방법을 그리세요.

| | |
|---|---|
| a. 가장 작은 삼각형 두 개를 사용하여 하나의 큰 삼각형을 만드십시오. | b. 직각 모서리가 없는 평행 사변형을 만들기 위해 가장 작은 삼각형 두 개를 사용하세요. |
| c. 가장 작은 삼각형 두 개를 사용하여 정사각형을 만드세요. | d. 두 개의 가장 큰 삼각형을 사용하여 정사각형을 만드세요. |
| e. 부분 (a-d)에서 더 큰 모양의 등분은 몇 개입니까? | f. 부분 (a-d)에서 몇 개의 2등분이 더 큰 도형을 구성합니까? |

2. 절반을 나타내는 도형에 동그라미를 하세요.

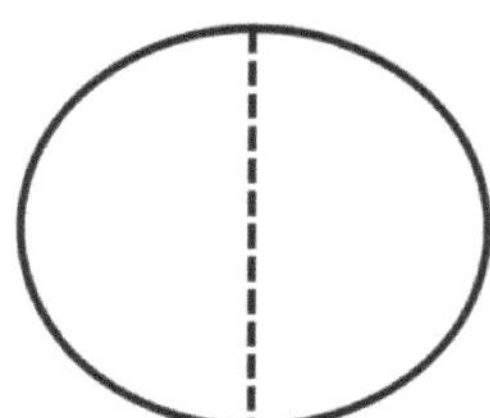 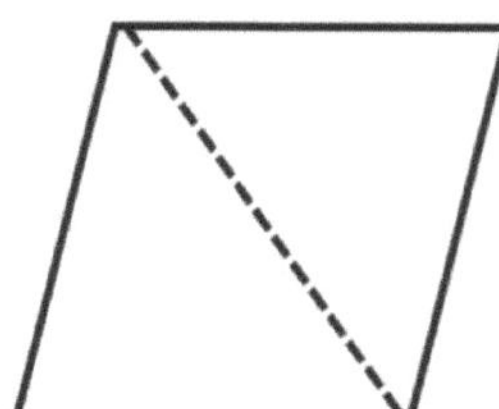 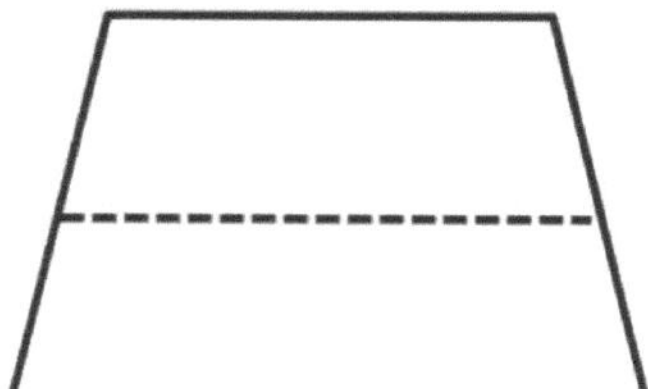 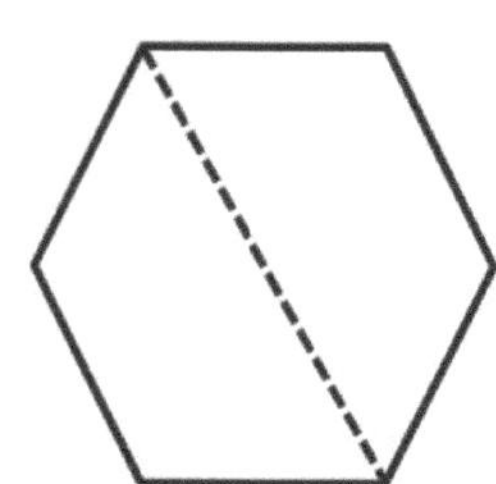

3. 3개의 삼각형 패턴 블록이 한 쌍의 평행선으로 사다리꼴을 형성하는 방법을 보여주세요. 아래에 도형을 그리세요.

    a. 사다리꼴은 몇 개의 등분을 가지고 있습니까? __________

    b. 사다리꼴에는 3분의 1이 몇 개 있습니까? __________

4. 3등분을 나타내는 도형에 동그라미를 하세요.

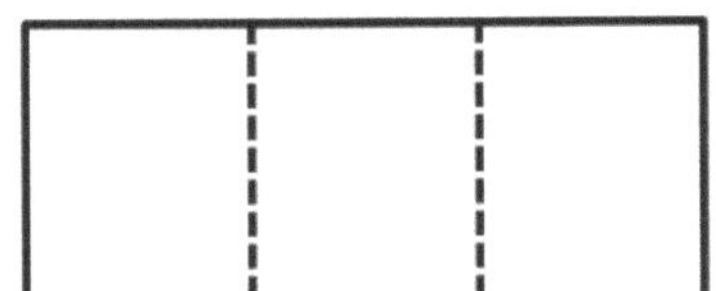 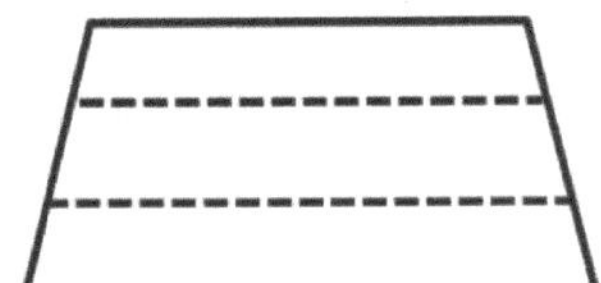 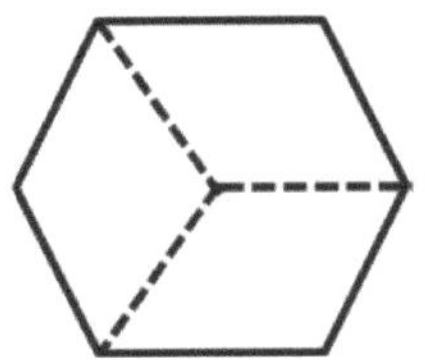

5. 평행 사변형을 만들기 위해 문제 3에서 만든 사다리꼴에 다른 삼각형을 추가합니다. 아래에 새로운 도형을 그리세요.

    a. 현재 도형의 등분은 몇 개입니까? __________

    b. 도형에 4분의 1이 몇 개 있습니까? __________

6. 4등분을 나타내는 도형에 동그라미를 하세요.

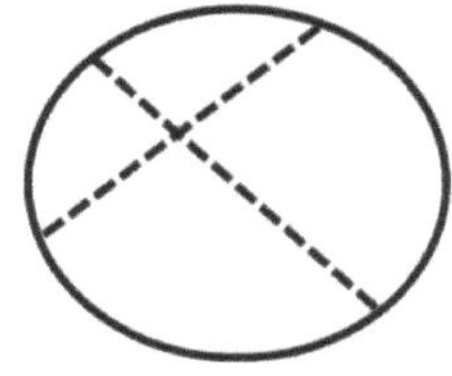 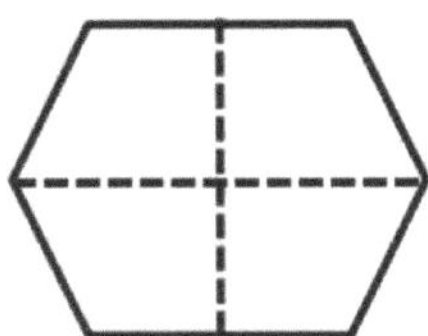 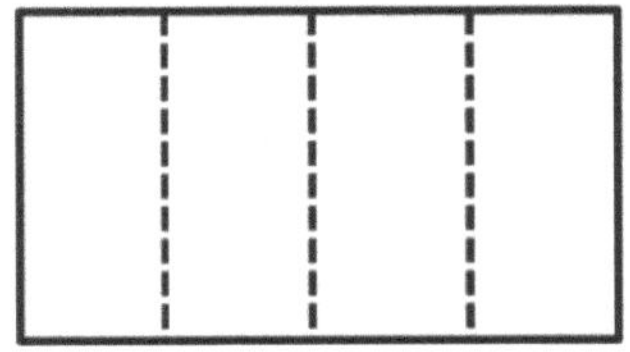





**EUREKA MATH**

이름 ___________________________________     날짜 _______________

1. **3등분**을 나타내는 도형에 동그라미를 하세요.

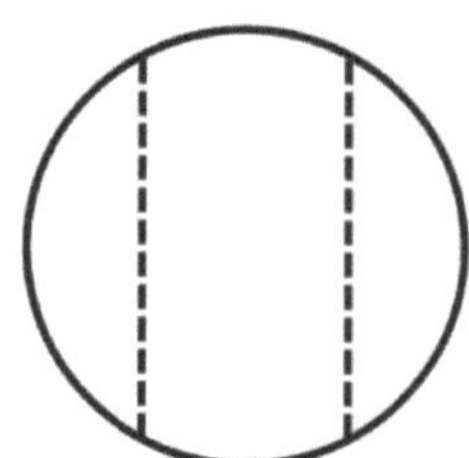 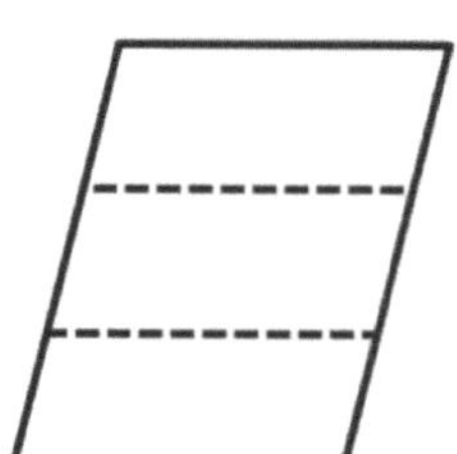 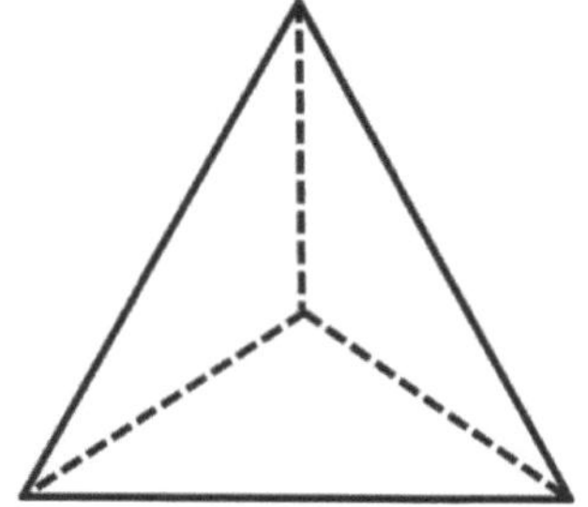

2. **4등분**을 나타내는 도형에 동그라미를 하세요.

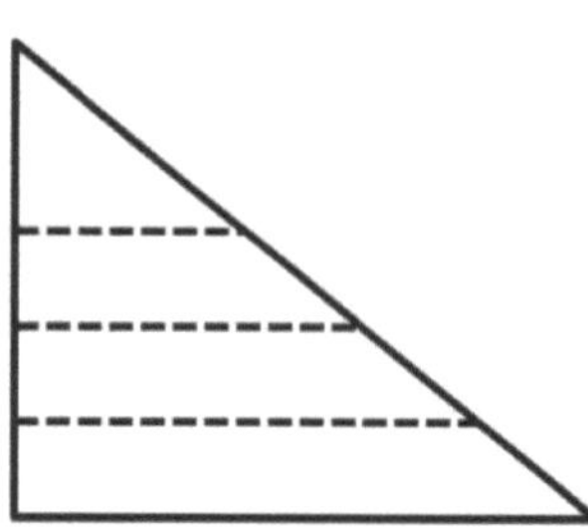 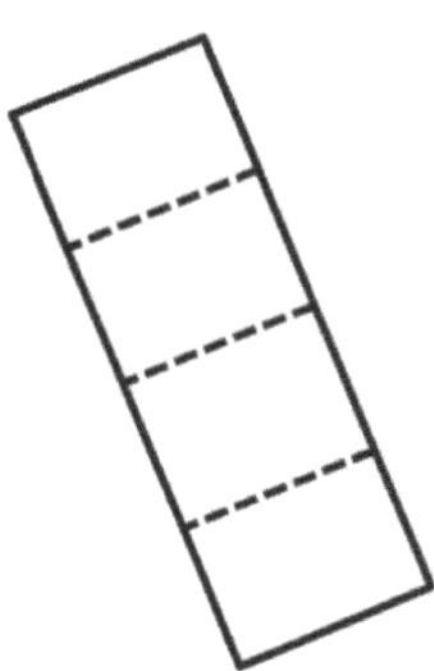 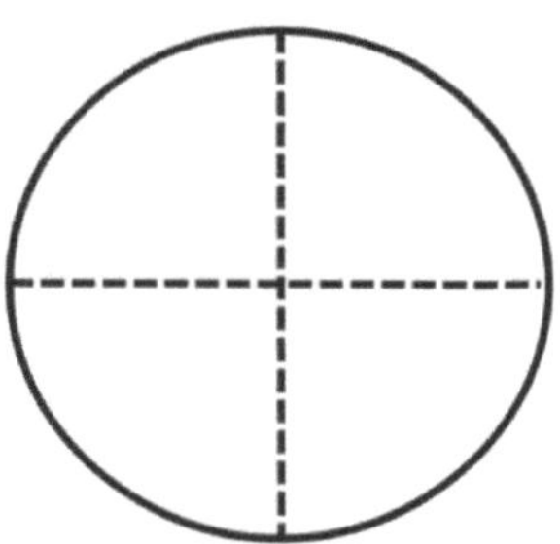

# R (문제를 주의 깊게 읽으세요.)

학생들은 삼각형과 사각형으로 더 큰 도형을 만들고 있었습니다. 그들은 72개의 삼각형을 모두 치웠습니다. 카페트 위에는 여전히 48개의 사각형이 있었습니다. 시작할 때 카페트에는 몇 개의 삼각형과 사각형이 있었습니까?

# D (그림을 그리세요.)

# W (식을 작성하고 풀어보세요.)

## W (이야기와 일치하는 문장을 작성하세요.)

　　8과:　　복합 도형의 2등분, 3등분, 4등분으로 등분을 해석하세요.

이름 _______________________________     날짜 _______________

1. 하나의 패턴 블록을 사용하여 마름모의 절반을 덮으세요.

   a. 마름모의 절반을 덮는 데 사용한 패턴 블록이 무엇인지 알아보세요. _____________

   b. 두 개의 절반으로 형성된 마름모 그림을 그리세요.

2. 하나의 패턴 블록을 사용하여 육각형의 절반을 덮으세요.

   a. 육각형의 절반을 덮는 데 사용한 패턴 블록이 무엇인지 알아보세요. _____________

   b. 두 개의 절반으로 형성된 육각형 그림을 그리세요.

3. 하나의 패턴 블록을 사용하여 육각형의 3분의 1을 덮으세요.

   a. 육각형의 3분의 1을 덮는 데 사용한 패턴 블록이 무엇인지 알아보세요. _____________

   b. 3분의 3으로 형성된 육각형의 그림을 그리세요.

4. 사다리꼴의 3분의 1을 덮기 위해 하나의 패턴 블록을 사용하세요.

   a. 사다리의 3분의 1을 덮는 데 사용한 패턴 블록이 무엇인지 알아보세요. _____________

   b. 3분의 3으로 형성된 사다리꼴의 그림을 그리세요.

5. 하나의 큰 사각형을 만들기 위해 4개의 패턴 블록 정사각형을 사용하세요.

   a. 만든 정사각형 그림을 아래에 그리세요.

   b. 1개의 작은 정사각형을 음영처리하세요. 각 작은 정사각형은 전체 정사각형의 (2분의 / 3분의 / 4분의) ____________ 1입니다.

   c. 작은 정사각형을 1개 더 음영 처리하세요. 이제, 전체 정사각형의 (2분의 / 3분의 / 4분의) ____________ 2가 음영 처리 되었습니다.

   d. 그리고 정사각형의 4분의 2는 전체 정사각형의 (2분의 / 3분의 / 4분의 ) ____________ 1과 같습니다.

   e. 작은 정사각형을 2개 더 음영 처리하세요. 사분의 ______ 은 전체 1과 같습니다.

6. 하나의 패턴 블록을 사용하여 육각형의 6분의 1을 덮으세요.

   a. 육각형의 6분의 1을 덮는 데 사용한 패턴 블록이 무엇인지 알아보세요. ____________

   b. 6분의 6으로 형성된 육각형의 그림을 그리세요.

　　　　8과:　　　복합 도형의 2등분, 3등분, 4등분으로 등분을 해석하세요.

Copyright © Great Minds PBC

이름 _______________________________________　　날짜 ________________

직사각형의 절반을 덮는 데 사용한 패턴 블록이 무엇인지 알아보세요. ________________________

아래 도형을 사용하여 2분의 2를 덮는 데 사용되는 패턴 블록을 그리세요.

## R (문제를 주의 깊게 읽으십시오.)

톰슨의 수업은 견학을 위해 96 달러를 모았습니다. 그들은 총 120 달러를 모아야합니다.

    a. 그들이 도달하기 위해 얼마나 많은 돈을 모아야합니까? 골?

    b. 그들이 86 달러를 더 모으면 얼마나 많은 돈을 벌게 될까요?

## D (그림을 그립니다.)

## W (방정식을 작성하고 풉니다.)

9과:        원과 사각형을 등분으로 나누고 그 부분을 2등분, 3등분 또는 4등분으로 설명하세요.

## W (이야기와 일치하는 문장을 작성하십시오.)

a. _______________________________________

_______________________________________

b. _______________________________________

_______________________________________



9과: 원과 사각형을 등분으로 나누고 그 부분을 2등분, 3등분 또는 4등분으로 설명하세요.



**EUREKA MATH**

이름 _______________________________    날짜 _______________

1. 1 개의 공유가 음영 처리 된 2 개의 동일한 공유가있는 모양에 원을 그립니다.

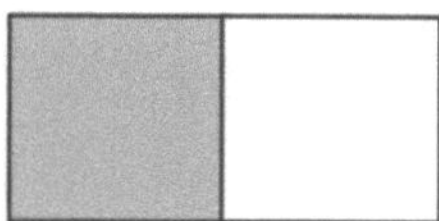 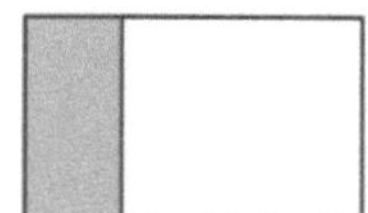 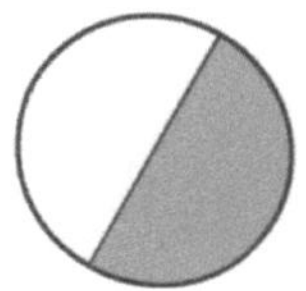 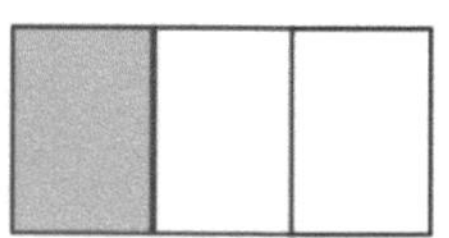

2. 셰이프의 절반을 2 개의 동일한 셰어로 분할합니다. 하나는 당신을 위해 이루어졌다.

| | | | |
|---|---|---|---|
| a.<br>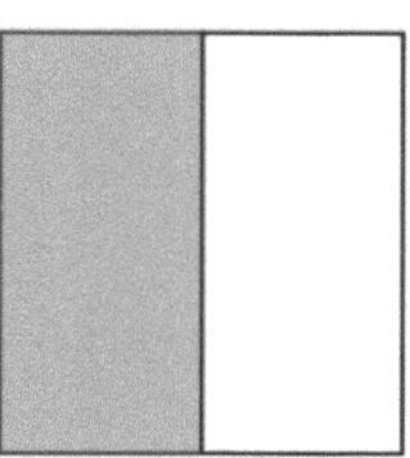 | b.<br>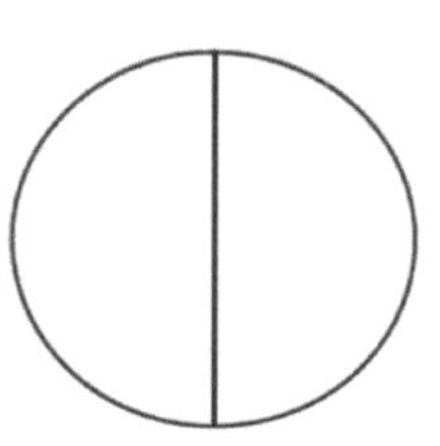 | c.<br>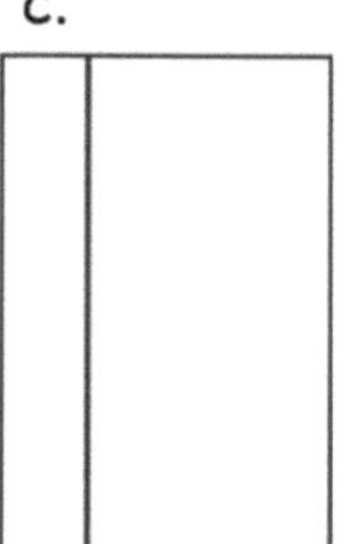 | d.<br>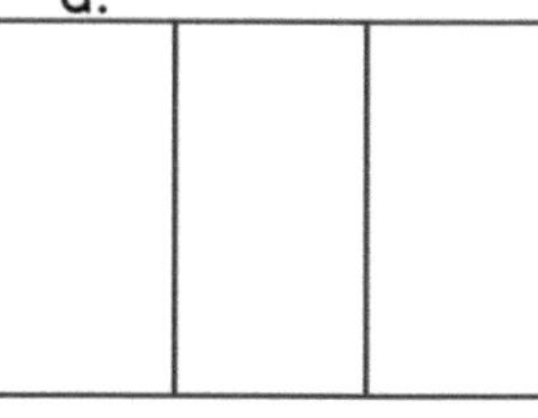 |
| e.<br>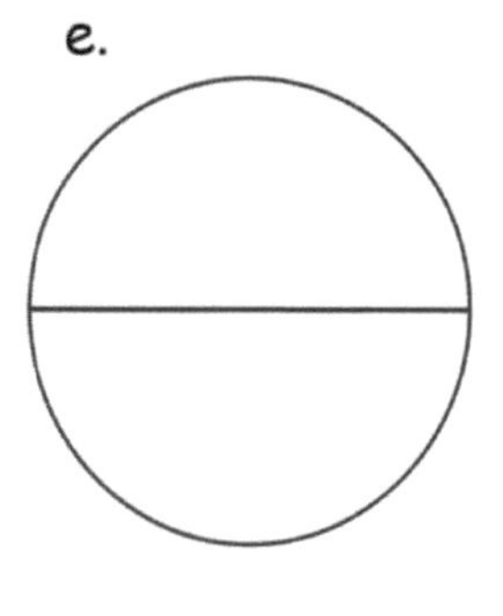 | f.<br>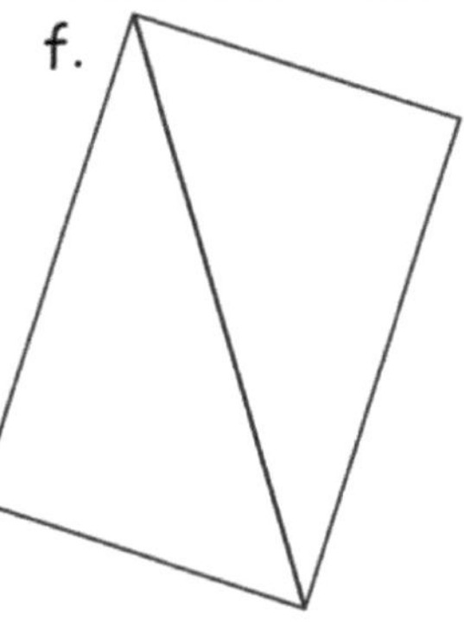 | g.<br>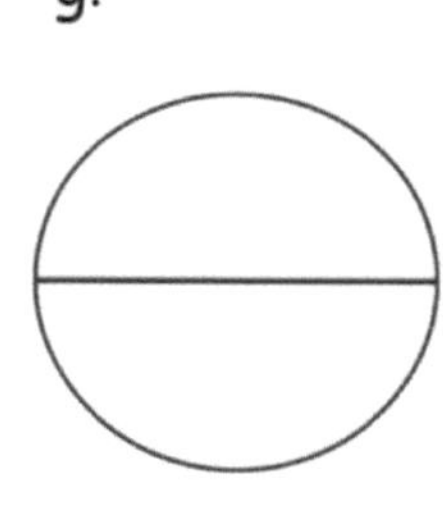 | h.<br>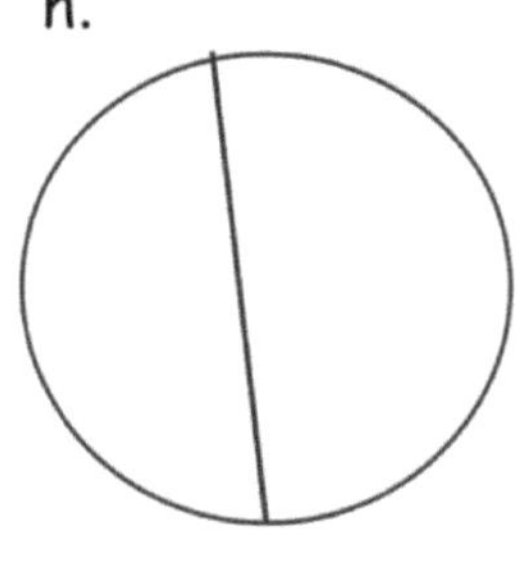 |
| i.<br>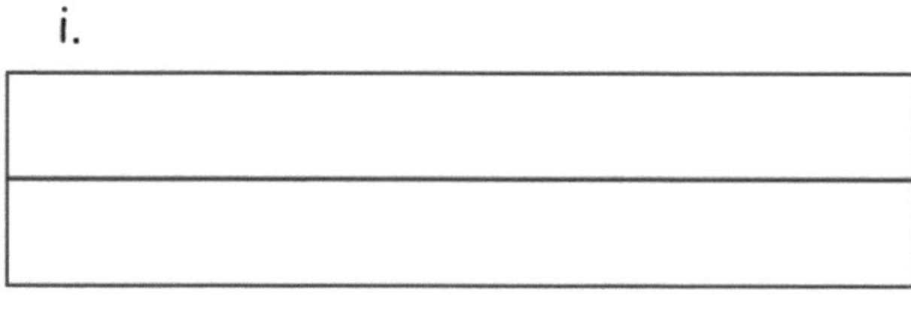 | j.<br>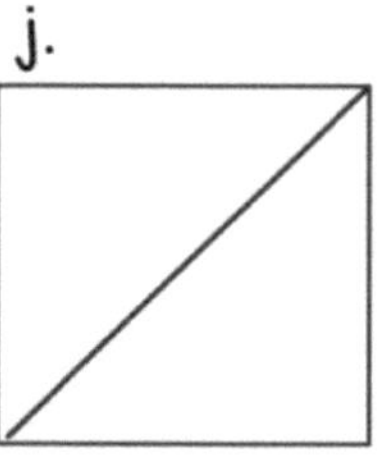 | k.<br>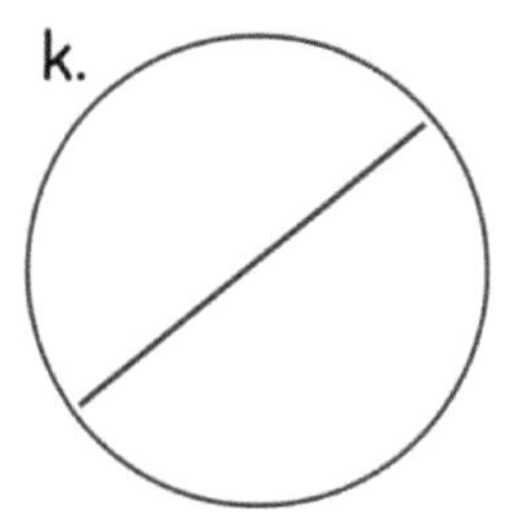 |

3. 모양을 분할하여 반쪽을 표시하십시오. 각각의 절반을 가리십시오. 반을 파트너와 비교하십시오.

a.

b.

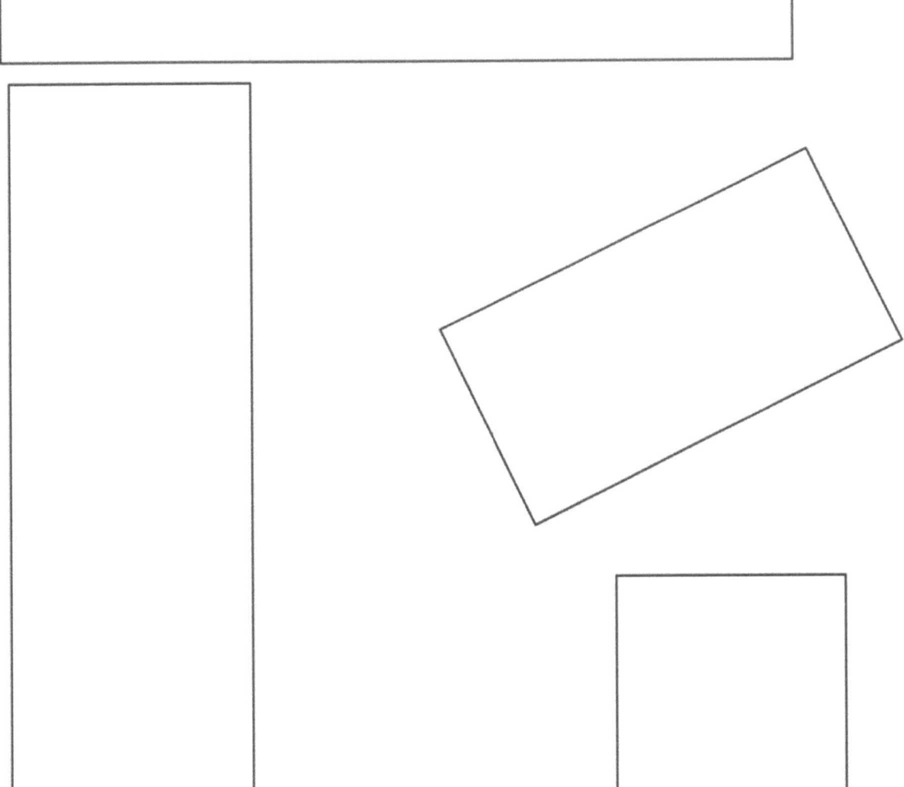



9과:　　원과 사각형을 등분으로 나누고 그 부분을 2등분, 3등분 또는 4등분으로
　　　　설명하세요.

**EUREKA MATH**

이름 _______________________________     날짜 _______________

셰이프의 절반을 2 개의 동일한 셰어로 분할합니다.

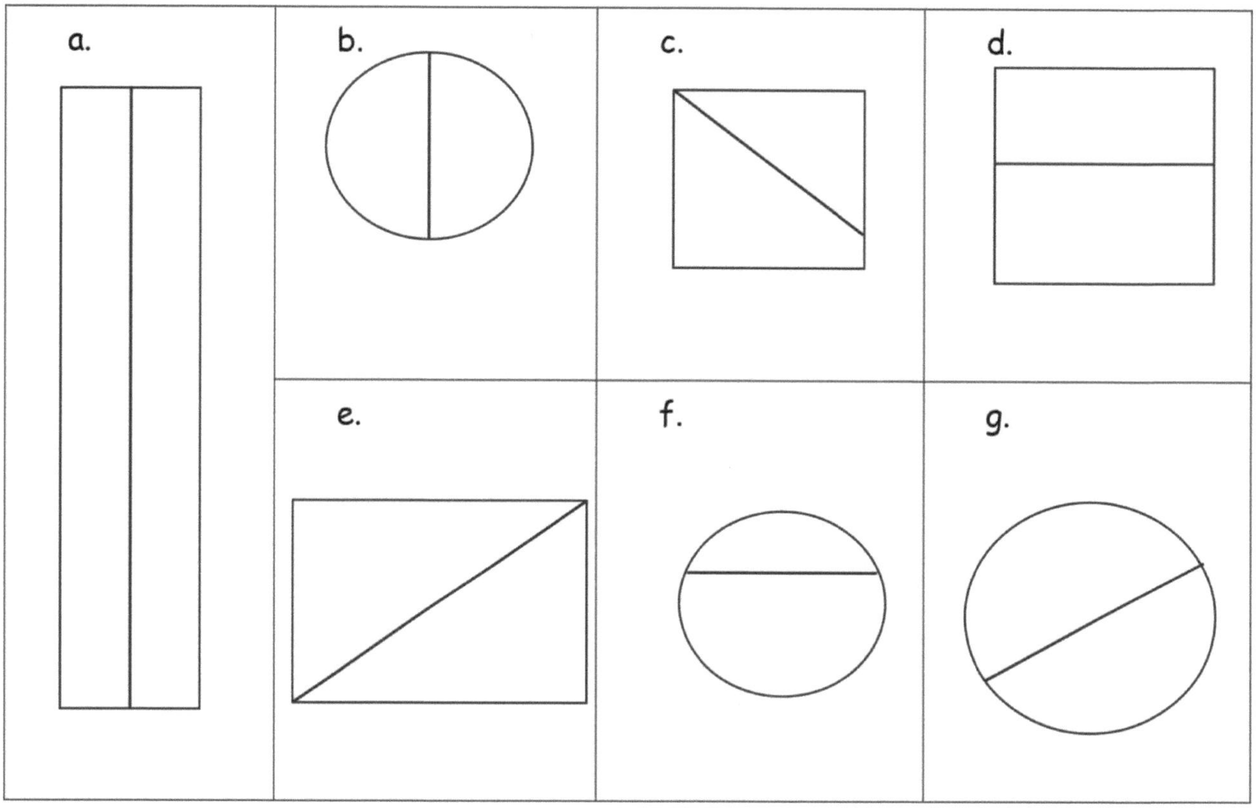

| | | | |
|---|---|---|---|
| a. | b. | c. | d. |
| e. | f. | g. | |

a.

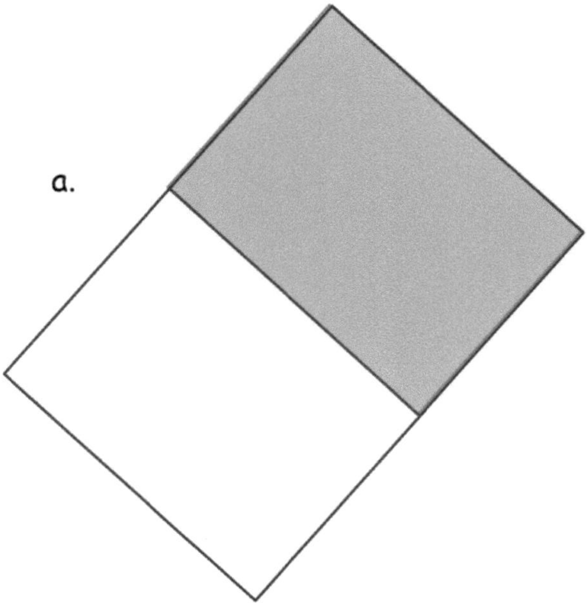

b.

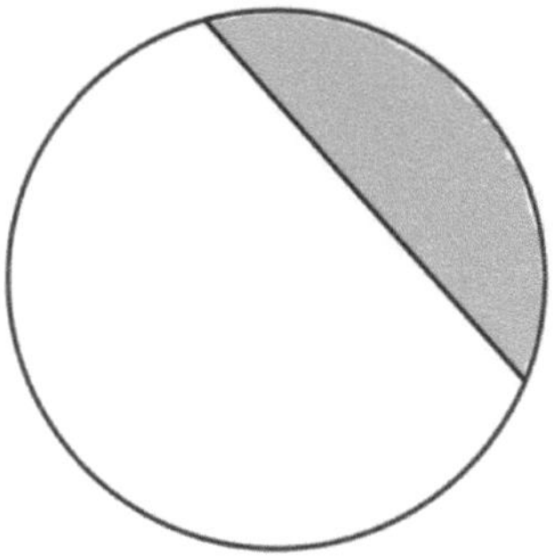

c.

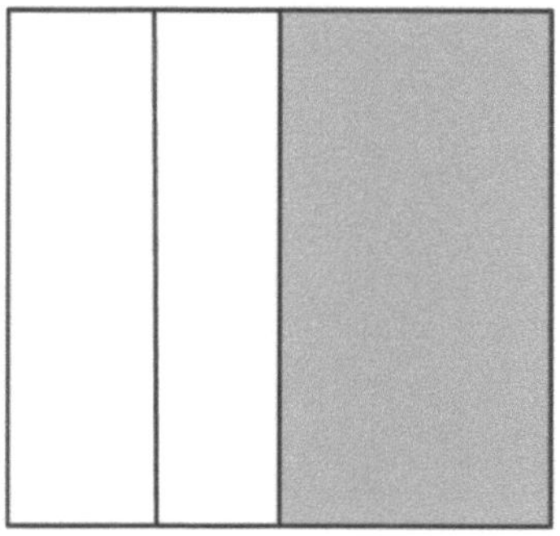

d.

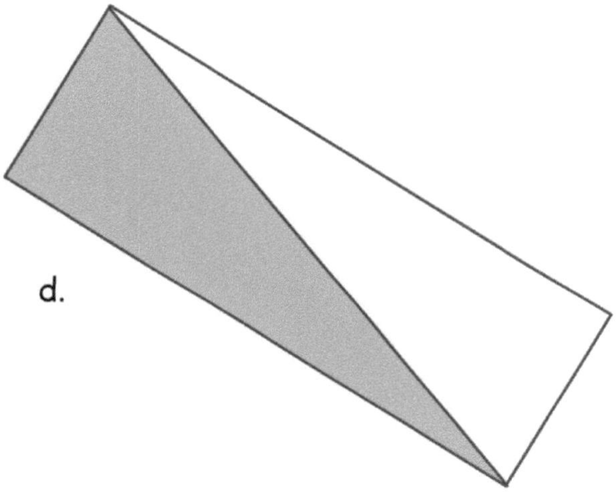

e.

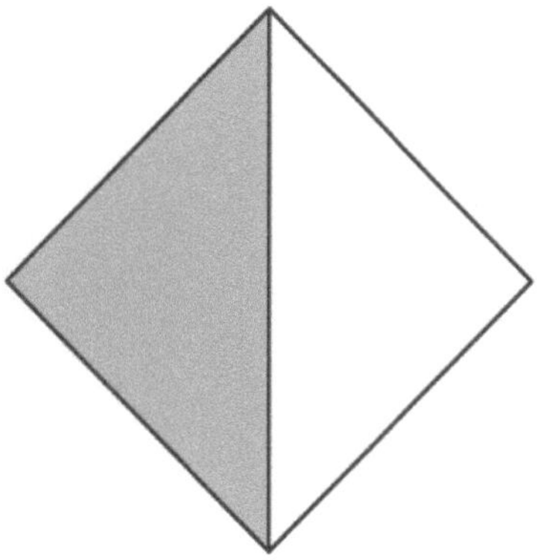

f.

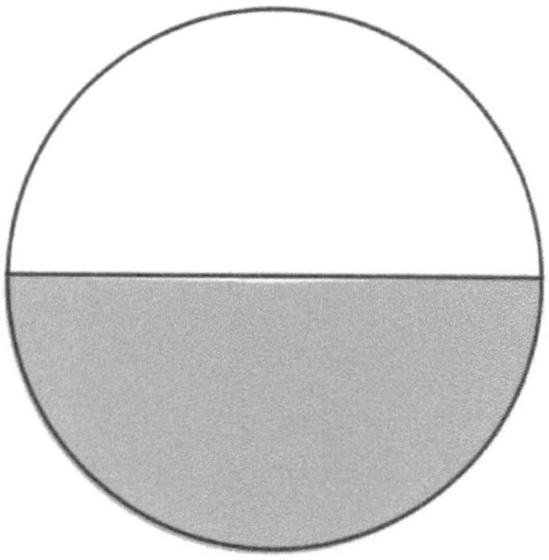

음영 처리된 도형

9과: 　원과 사각형을 등분으로 나누고 그 부분을 2등분, 3등분 또는 4등분으로
　　　 설명하세요.

# R (문제를 주의 깊게 읽으십시오.)

펠릭스가 추첨 티켓을 전달하고 있습니다. 그는 98 장의 티켓을 내 주었고 57 장 남았습니다. 몇 번의 복권 티켓을 시작해야합니까?

# D (그림을 그립니다.)

# W (방정식을 작성하고 풉니다.)

## W (이야기와 일치하는 문장을 작성하십시오.)

---

---

---



**10과:**　원과 사각형을 등분으로 나누고 그 부분을 2등분, 3등분 또는 4등분으로 설명하세요.

이름 ______________________________　　날짜 ______________

**1. a.** 문제 1 (a)의 도형에 절반 또는 3 분의 1이 표시됩니까? ______________

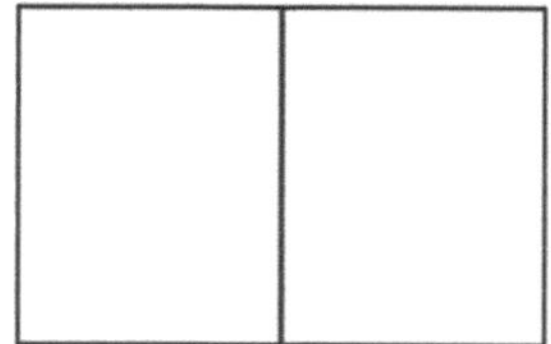 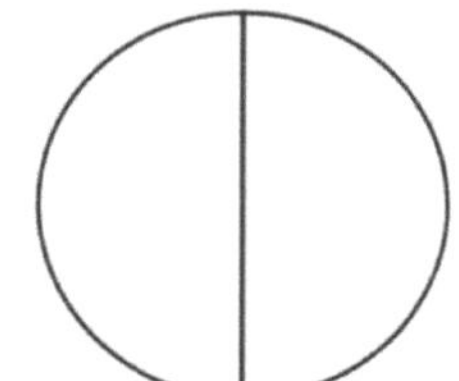 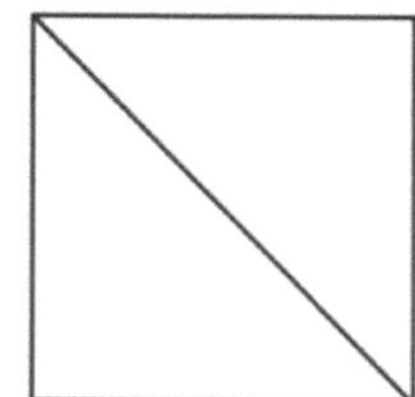 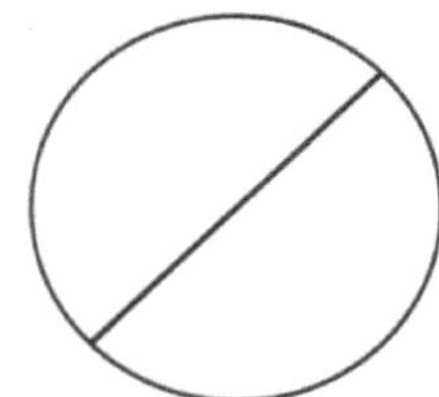

**b.** 각 모양을 4 분의 1로 분할하려면 1 개의 선을 더 그립니다.

**2.** 각 사각형을 1/3로 분할하십시오. 그런 다음 표시된대로 셰이프를 음영 처리하십시오.

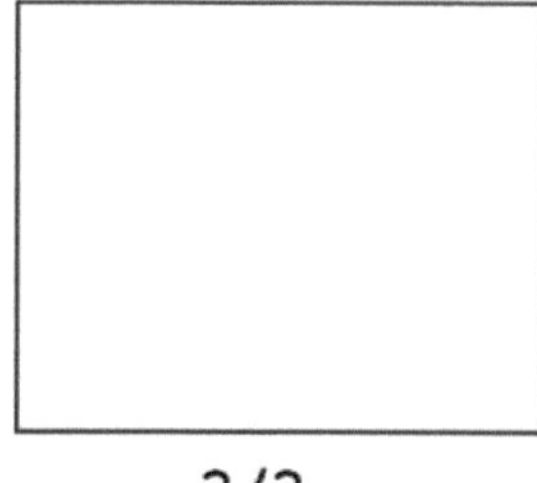  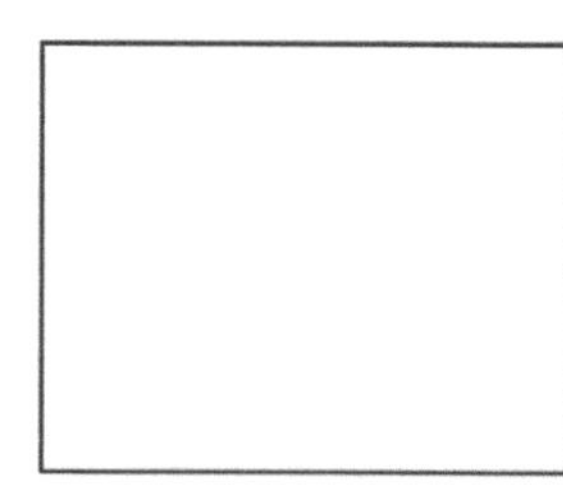

3/3　　　　　　　　　　2/3　　　　　　　　　　1/3

**3.** 각 원을 네 번째로 나눕니다. 그런 다음 표시된대로 셰이프를 음영 처리하십시오.

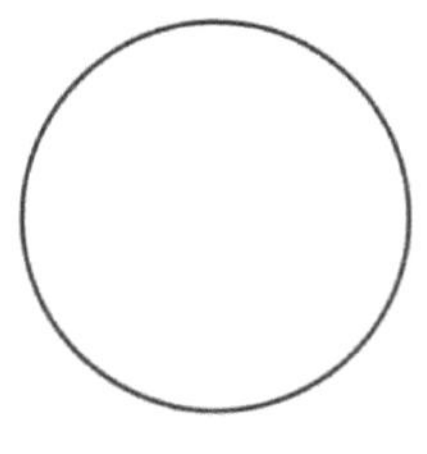 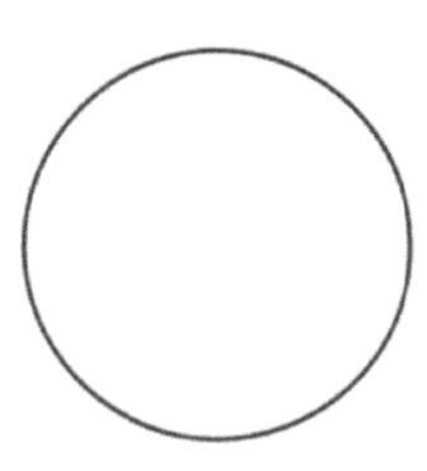 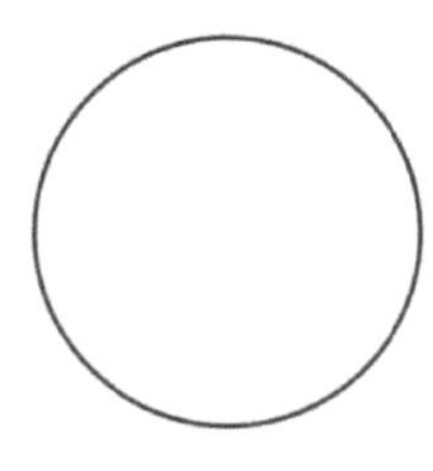 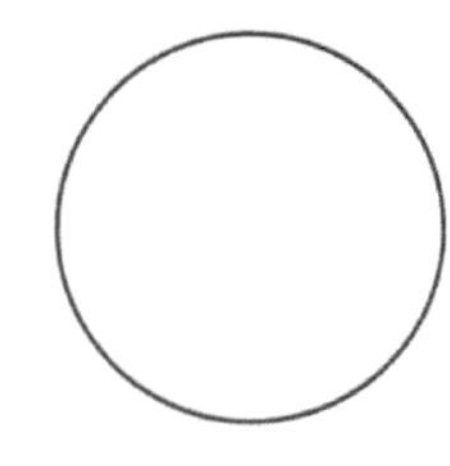

4/4　　　　　　3/4　　　　　　2/4　　　　　　1/4

4. 표시된대로 다음 모양을 분할하고 음영 처리하십시오. 각 직사각형 또는 원은 하나의 전체입니다.

  a. 4분의 1            b. 3분의 1            c. 2분의 1

      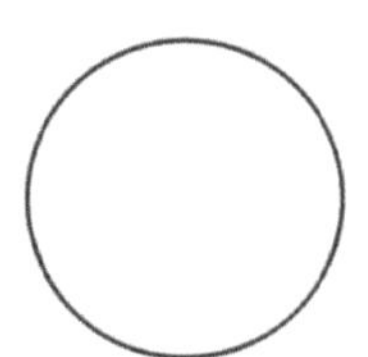      

  d. 4분의 2            e. 3분의 2            f. 2분의 2

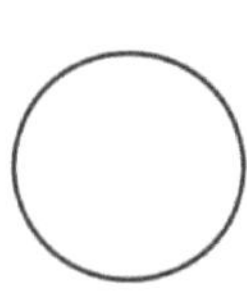            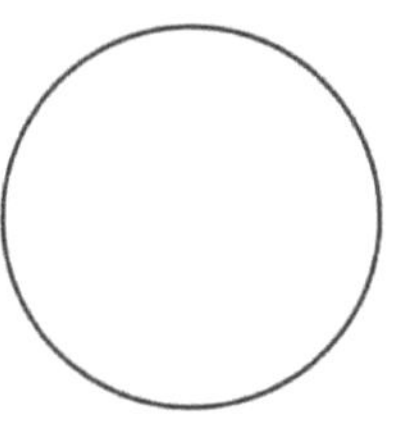

  g. 4분의 3            h. 3분의 3            i. 2분의 3

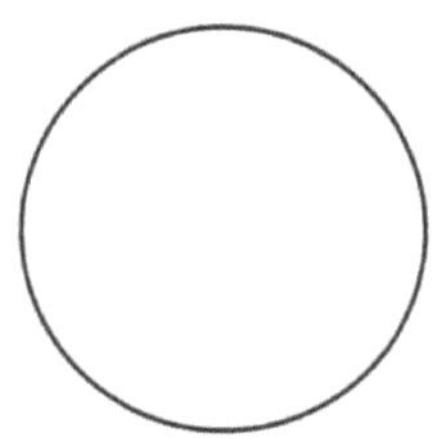            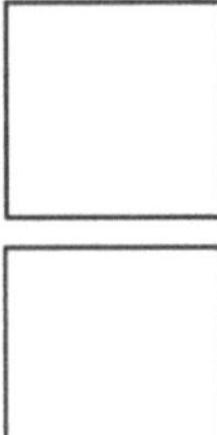

5. Maria, Paul, Jose 및 Mark가 각각 같은 점유율을 갖도록 피자를 아래로 나눕니다. 각 학생의 몫에 자신의 이름을 표시하십시오.

  a. 각 소년이 피자의 몇 분을 먹었습니까?

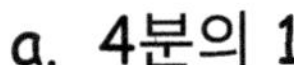

  b. 소년들은 피자의 일부를 모두 먹었습니까?



**10과:**   원과 사각형을 등분으로 나누고 그 부분을 2등분, 3등분 또는 4등분으로 설명하세요.



**EUREKA MATH®**

이름 ______________________________　　날짜 ______________

표시된대로 다음 모양을 분할하고 음영 처리하십시오. 각 직사각형 또는 원은 하나의 전체입니다.

1. 2분의 2

2. 3분의 2

3. 3분의 1

4. 2분의 1

5. 4분의 2

6. 4분의 1



**EUREKA MATH**

**10과:** 원과 사각형을 등분으로 나누고 그 부분을 2등분, 3등분 또는 4등분으로 설명하세요.

Copyright © Great Minds PBC

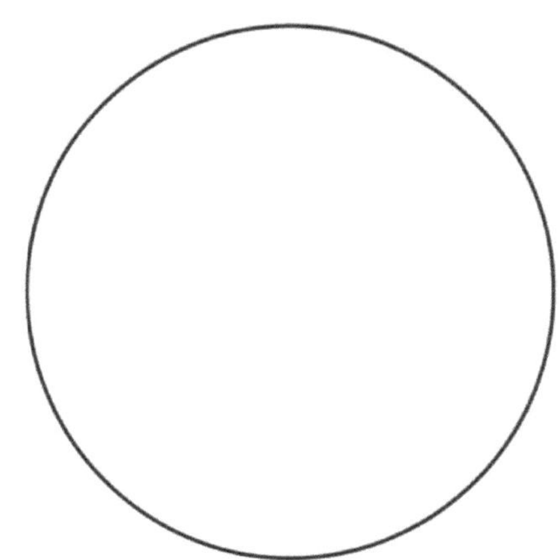

직사각형과 원

# R (문제를 주의 깊게 읽으십시오.)

제이콥은 야구 카드 70장을 모았습니다. 그는 그들 중 절반을 그의 동생 새미에게 주었습니다. 제이콥에게는 몇 장의 야구 카드가 남아 있습니까?

# D (그림을 그립니다.)

# W (방정식을 작성하고 풉니다.)

## W (이야기와 일치하는 문장을 작성하십시오.)

_______________________________________________

_______________________________________________

_______________________________________________



**11과:**　전체를 2분의 2, 3분의 3, 4분의 4를 포함하는 등분의 수로 설명하세요.

이름 ________________________________________　　날짜 ________________

1. 문제 (a), (c), (e)의 경우 음영 처리된 부분을 알아보세요.

   a.

   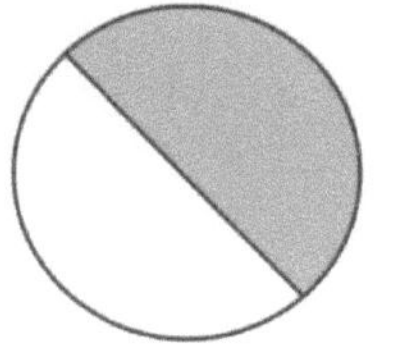　　　　　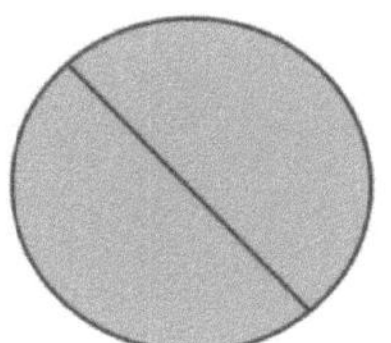

   2분의 __________　　　　　　　2분의 __________

   b. 전체가 1로 표시되는 음영 영역이 있는 위의 모양에 원을 그리세요.

   c.

   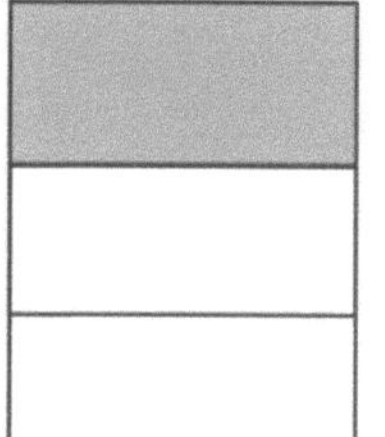　　　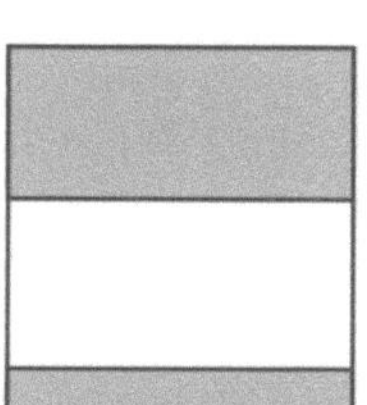　　　

   3분의 __________　　　3분의 __________　　　3분의 __________

   d. 전체가 1로 표시되는 음영 영역이 있는 위의 모양에 원을 그리세요.

   e.

   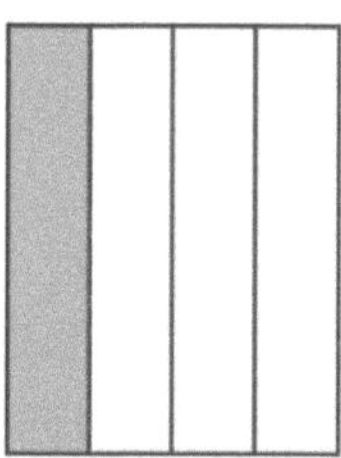　　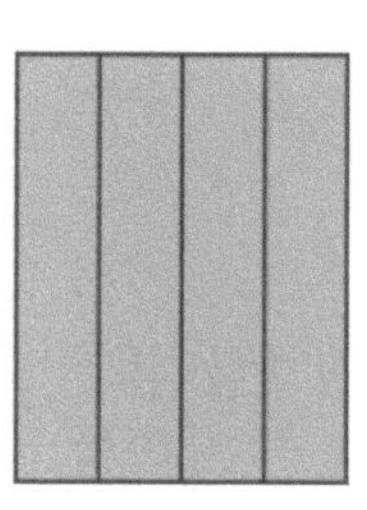　　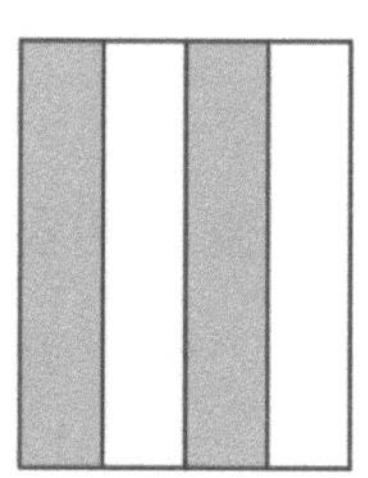　　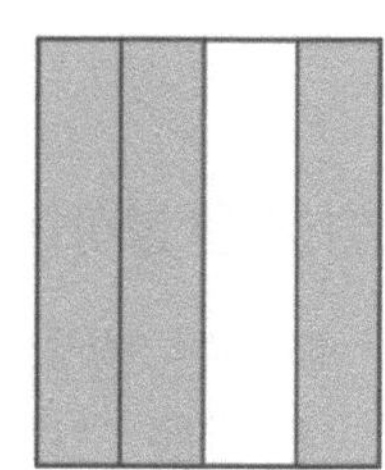

   4분의 ______　　　4분의 ______　　　4분의 ______　　　4분의 ______

   f. 전체가 1로 표시되는 음영 영역이 있는 위의 모양에 원을 그리세요.

2. 1개의 전체를 음영 처리 하려면 몇 분의 몇을 칠해야 할까요?

a. 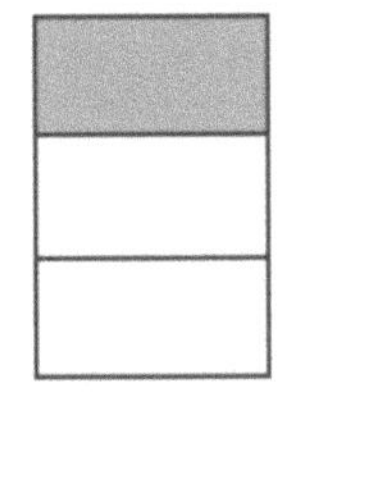

_______________

b. 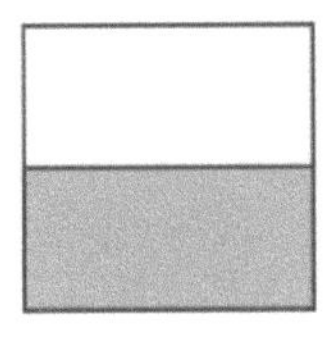

_______________

c. 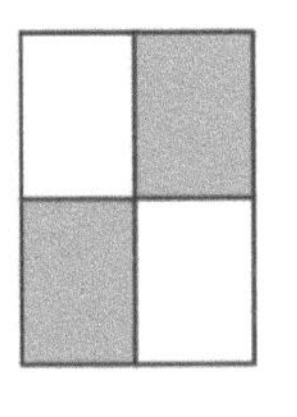

_______________

d. 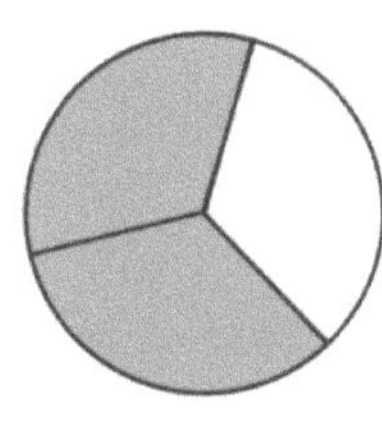

_______________

e. 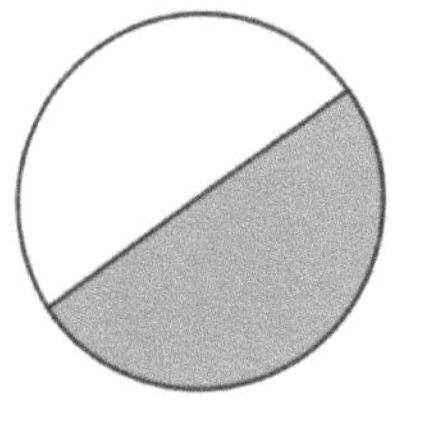

_______________

f. 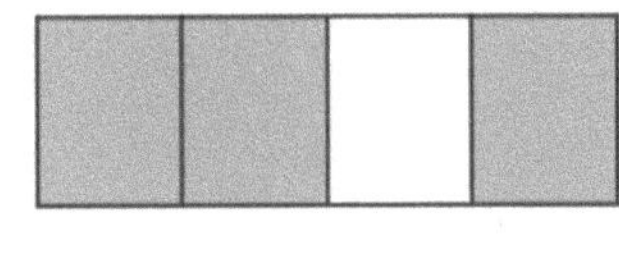

_______________

3. 그림을 완성하여 1개의 전체를 표시합니다.

a. 이것은 반입니다. 1개의 전체를 그리세요.

b. 이것은 3분의 1입니다. 1개의 전체를 그리세요.

c. 이것은 4분의 1입니다. 1개의 전체를 그리세요.

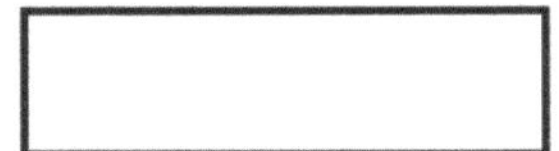



**11과:** 전체를 2분의 2, 3분의 3, 4분의 4를 포함하는 등분의 수로 설명하세요.

EUREKA MATH

이름 ___________________________      날짜 ___________

1개의 전체를 음영 처리 하려면 몇 분의 몇을 칠해야 할까요?

1.

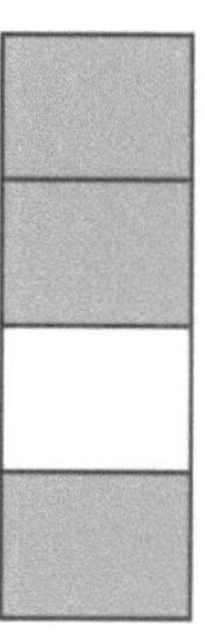

_______________

2.

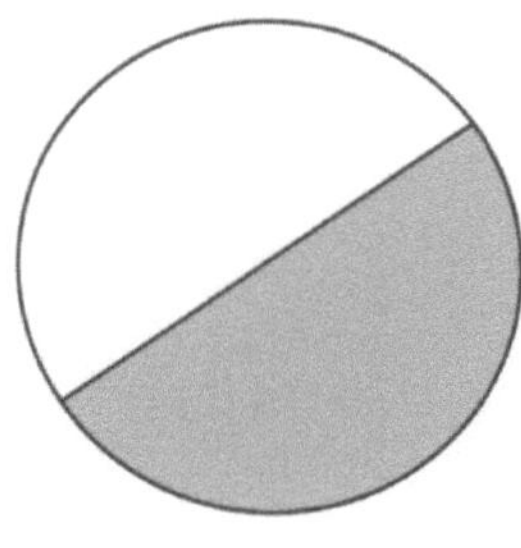

_______________

3.

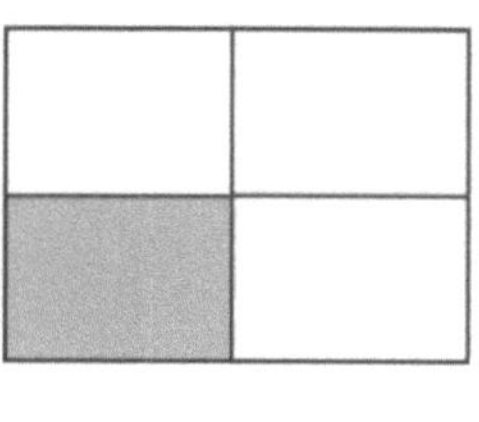

_______________

4.

_______________

## R (문제를 주의 깊게 읽으십시오.)

투구는 자신과 5명의 친구가 같이 나눠 먹을 피자 2판을 만들었습니다.

그는 모든 사람이 피자를 똑같이 나누기를 원합니다. 피자를 2등분, 3등분,

4등분으로 자를까요?

## D (그림을 그립니다.)



**12과:**　　　동일한 직사각형의 등분이 다른 모양을 가질 수 있음을 인식하세요.　　　**71**

## W (이야기와 일치하는 문장을 작성하십시오.)

______________________________________________

______________________________________________

______________________________________________

　　　　12과:　　　동일한 직사각형의 등분이 다른 모양을 가질 수 있음을 인식하세요.

이름 _______________________________     날짜 _______________

1. 등분을 표시하기 위해 사각형을 두 가지 방법으로 분할하세요.

    a. 2분의 2

    b. 3분의 3

    c. 4분의 4

2. 직사각형의 절반과 4개의 작은 삼각형으로 표시되는 절반을 사용하여 원래의 정사각형을 만드세요. 아래 공간에 그리세요.

3.  정사각형의 다른 색으로 칠해진 반쪽을 사용하세요.

   a.  정사각형을 반으로 잘라 같은 크기의 직사각형 2개를 만드세요.

   b.  반쪽을 재정렬하여 간격이나 겹침이 없는 새로운 직사각형을 만드세요.

   c.  같은 크기의 등분을 반으로 자르면 같은 크기의 정사각형이 4개가 됩니다.

   d.  새로운 등분을 재배열하여 다른 다각형을 만드세요.

   e.  아래 파트 (d)에서 새 다각형 중 하나를 그리세요.

더 나아가기

4.  원을 잘라내세요.

   a.  원을 반으로 자르세요.

   b.  반쪽을 재정렬하여 간격이나 겹침이 없는 새로운 도형을 만드세요.

   c.  각각의 등분을 반으로 자르세요.

   d.  등분을 재정렬하여 간격이나 겹침이 없는 새로운 도형을 만드세요.

   e.  아래 파트 (d)에서 새 도형을 그리세요.



12과:   동일한 직사각형의 등분이 다른 모양을 가질 수 있음을 인식하세요.

이름 ______________________________　　날짜 ______________________

등분을 표시하기 위해 사각형을 두 가지 방법으로 분할하세요.

1.　2분의 2

2.　3분의 3

3.　4분의 4



EUREKA MATH

Copyright © Great Minds PBC

이름 _________________________________　　　날짜 _______________

1. 단어를 사용하여 아래 공간에서 각 시계의 일부가 어둡게 표시되는지 확인하십시오.
   *분기, 분기, 반, 또는 반쪽.*

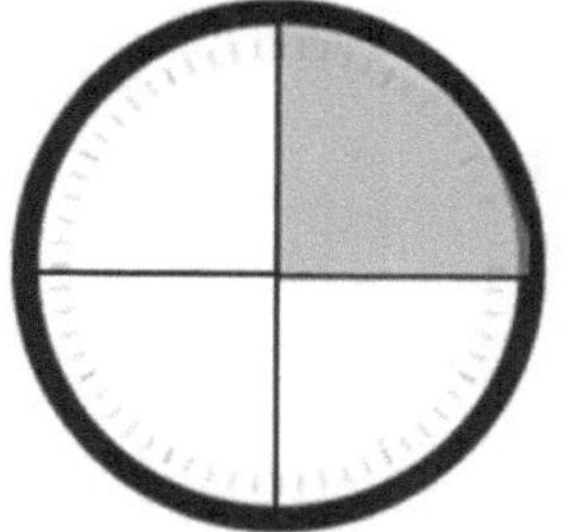　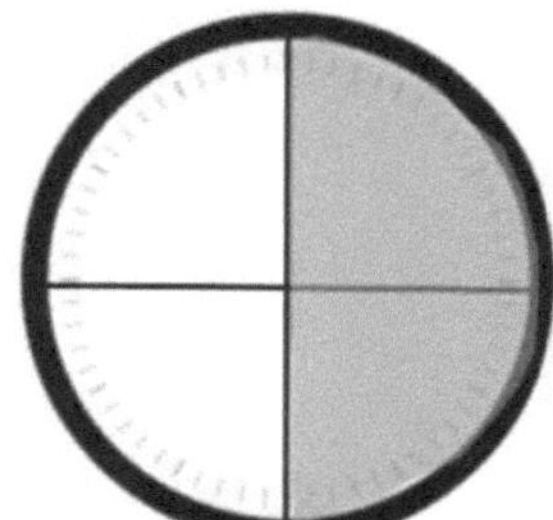　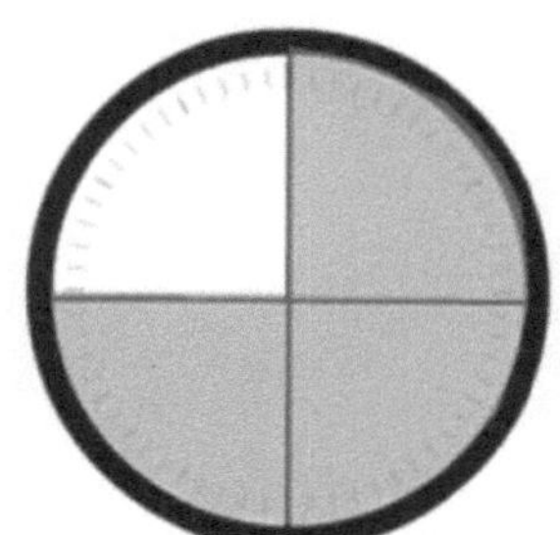　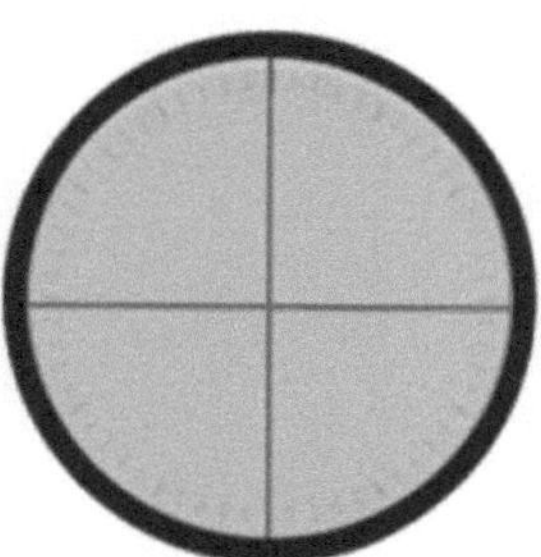

_______________　_______________　_______________　_______________

2. 각 시계에 표시된 시간을 쓰십시오.

a.

_______________

b.

_______________

c.

_______________

d.

_______________



**13과:** 　원을 반으로 나눠서 종이 시계를 만들고 분기 및 30 분 또는 4시
시간을 알려줍니다.

3. 선을 그려서 매번 올바른 시계에 맞추십시오.

- 4 분의 4

- 8시 반

- 8:30

- 3:45

- 1:15

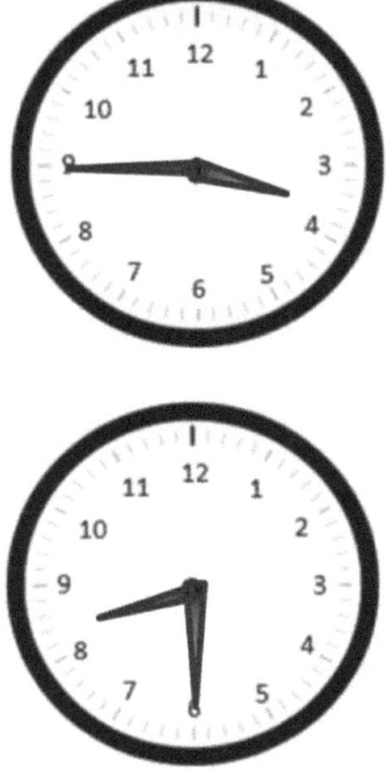

3. 시계에 분침을 그리면 정확한 시간이 표시됩니다.

3:45

11:30

6:15



**13과:**     원을 반으로 나눠서 종이 시계를 만들고 분기 및 30 분 또는 4시 시간을 알려줍니다.



**EUREKA MATH®**

이름 _________________________________  날짜 _______________

시계에 분침을 그리면 정확한 시간이 표시됩니다.

7시 반

12:15

3시 15분 전



13과:  원을 반으로 나눠서 종이 시계를 만들고 분기 및 30 분 또는 4시 시간을 알려줍니다.

79

# R (문제를 주의 깊게 읽으십시오.)

브라우니를 굽는 데 45 분이 걸립니다. 피자는 워밍업하는 데 30 분도 걸리지 않습니다. 피자가 데워지는 데 얼마나 걸립니까?

# D (그림을 그립니다.)

# W (방정식을 작성하고 풉니다.)

## W (이야기와 일치하는 문장을 작성하십시오.)

___________________________________________

___________________________________________

___________________________________________



14과: 가장 가까운 5 분까지 시간을 알려주십시오.

EUREKA MATH

이름 ______________________________　　　날짜 ______________

1. 빠진 숫자를 채우세요.


60, 55, 50, ______, 40, ______, ______, ______, 20, ______, ______, ______, ______,


2. 시계 앞면에 빠진 숫자를 채워 분을 표시하십시오.

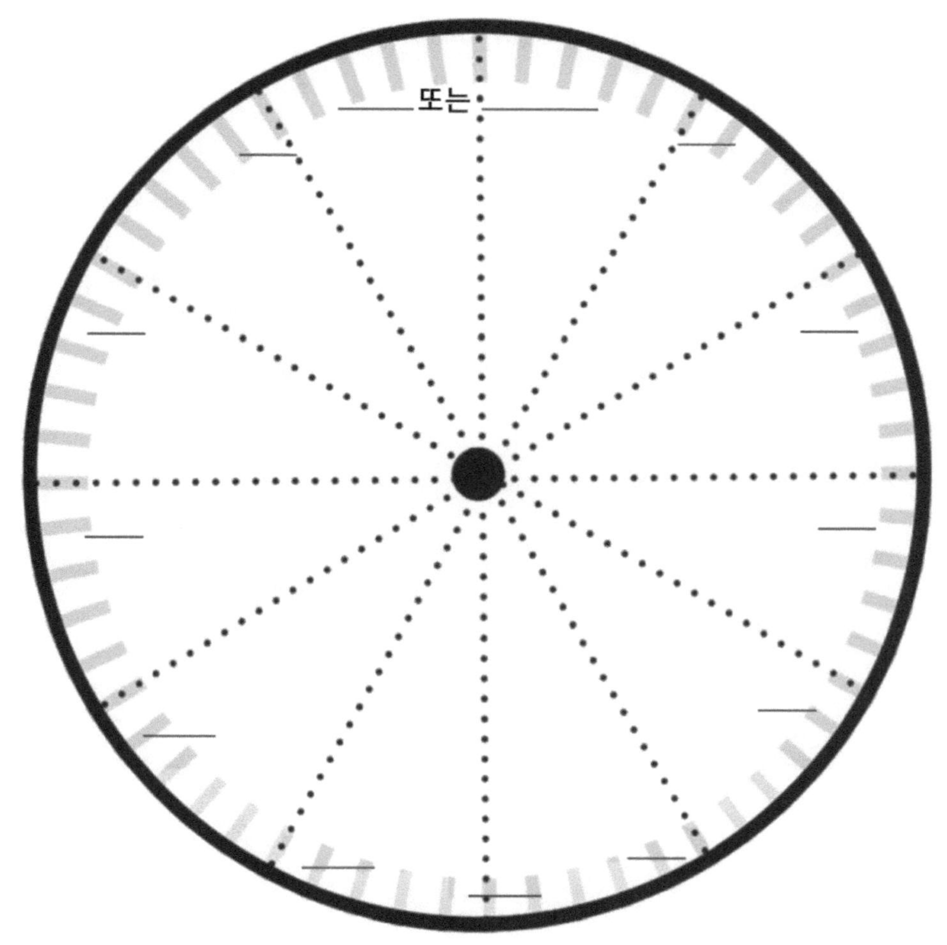

3. 시계에 시침과 분침을 그려 올바른 시간에 맞춥니 다.

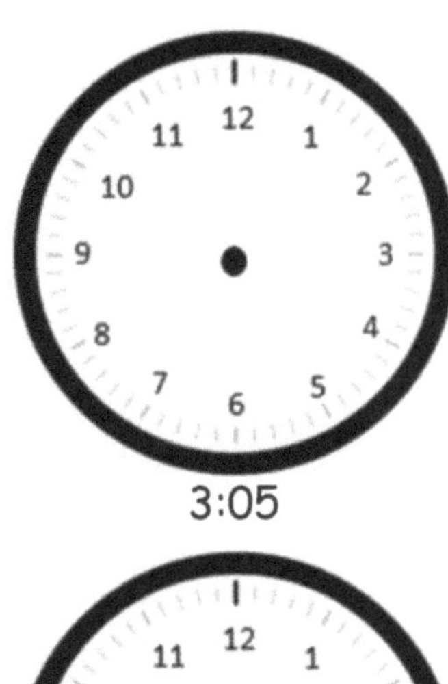

3:05

3:35

4:10

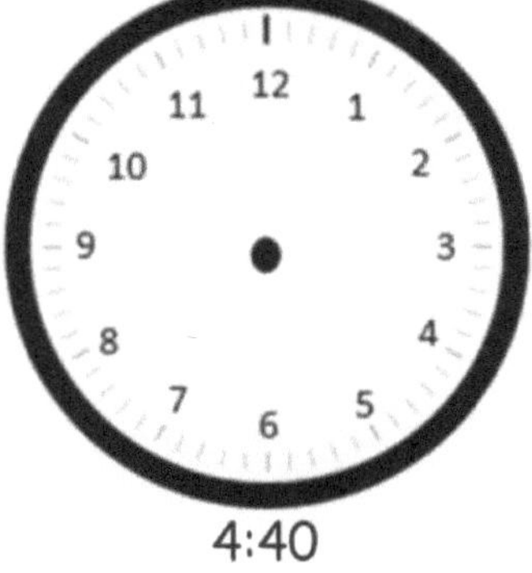

4:40

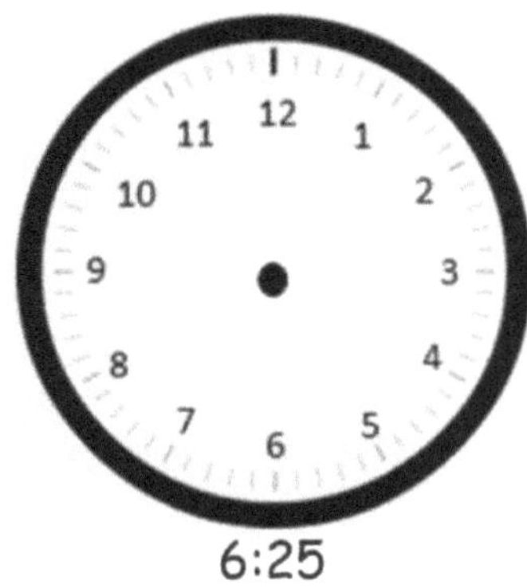

6:25

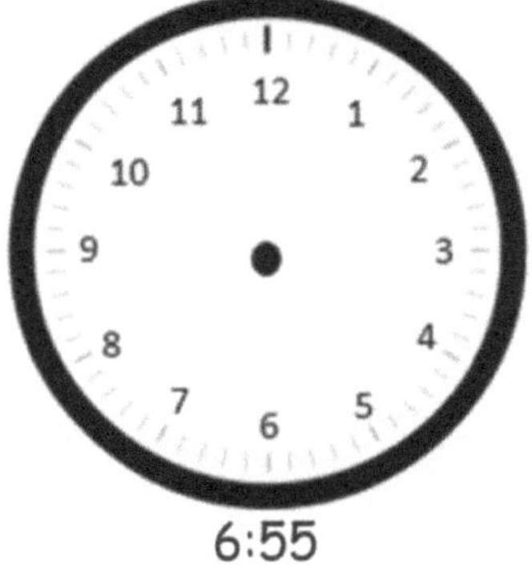

6:55

4. 지금 몇 시지?

_______________

_______________



**14과:**　　가장 가까운 5 분까지 시간을 알려주십시오.

EUREKA MATH®

이름　________________________________　　날짜　________________

시계에 시침과 분침을 그려 올바른 시간에 맞 춥니 다.

12:55

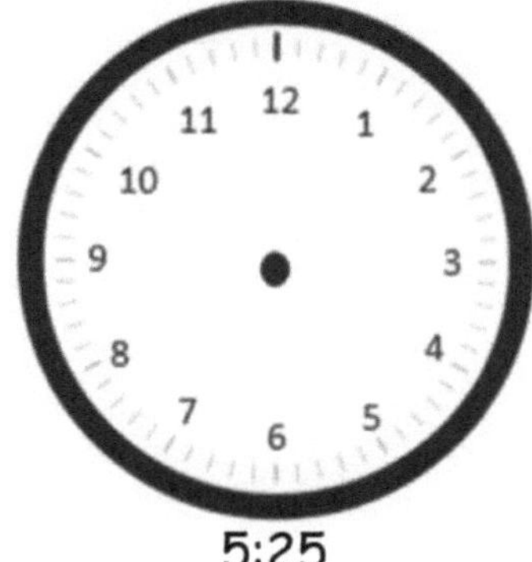

5:25

## R (문제를 주의 깊게 읽으십시오.)

Memorial School 에서 학생들은 아침 쉬는 시간은 1/4 시간이고 점심 시간은 33 분입니다. 그들은 얼마나 많은 자유 시간을 가지고 있습니까? 쉬는 시간보다 점심 시간이 얼마나 더 있습니까?

## D (그림을 그립니다.)

## W (방정식을 작성하고 풉니다.)

15과:　　가장 가까운 5 분까지 시간을 알려주십시오. 말하다 오전 과 오후 에 시간.　　**87**

## W (이야기와 일치하는 문장을 작성하십시오.)

_______________________________________________

_______________________________________________

_______________________________________________



**15과:**　가장 가까운 5분까지 시간을 알려주십시오. 말하다 오전 과 오후 에 시간.

EUREKA MATH

이름 ________________________________     날짜 ________________

1. 아래 활동이 오전 또는 오후에 발생할지 여부를 결정하십시오. 당신의 서클 대답.

     a.   학교를 깨우다                  a.m. / p.m.

     b.   저녁을 먹고                    a.m. / p.m.

     c.   취침 시간 이야기 읽기          a.m. / p.m.

     d.   아침 식사 만들기             a.m. / p.m.

     e.   방과 후 놀이 데이트          a.m. / p.m.

     f.   취침                        a.m. / p.m.

     g.   케이크 한 조각을 먹고        a.m. / p.m.

     h.   점심을 먹고                   a.m. / p.m.

2. 디지털 시계의 시간과 일치하도록 아날로그 시계의 손을 그립니다. 그런 다음 서클 **오전** **또는** **오후** 주어진 설명을 기반으로합니다.

a. 깨어 난 후 양치질

7:10    **오전 아니면 오후**

b. 숙제 끝내기

5:55    **오전 아니면 오후**

3. 그랬다면 무엇을하고 있는지 적는다 **오전 아니면 오후**

a. **a.m.** _______________________________

b. **p.m.** _______________________________

4. 시계는 몇시에 표시됩니까?

______ : ______




**EUREKA MATH**

이름 ____________________________　　　날짜 ____________________

디지털 시계의 시간과 일치하도록 아날로그 시계의 손을 그립니다. 그런 다음 서클 **오전 아니면 오후** 주어진 설명을 기반으로합니다.

1. 태양이 떠오르고 있습니다.

| 6:10 | 오전 아니면 오후 |
|------|----------------|

2. 강아지를 산책시키다

| 3:40 | 오전 아니면 오후 |
|------|----------------|

**시간을 쓰십시오. 서클 오전 또는 오후**

오전/오후

말하는 시간 이야기 (대)

**시간을 쓰십시오. 서클 오전 또는 오후**

말하는 시간 이야기 (대)

　　　**15과:**　　가장 가까운 5 분까지 시간을 알려주십시오. 말하다 오전 과 오후 에 시간.

EUREKA MATH

**시간을 쓰십시오. 서클 오전 또는 오후**

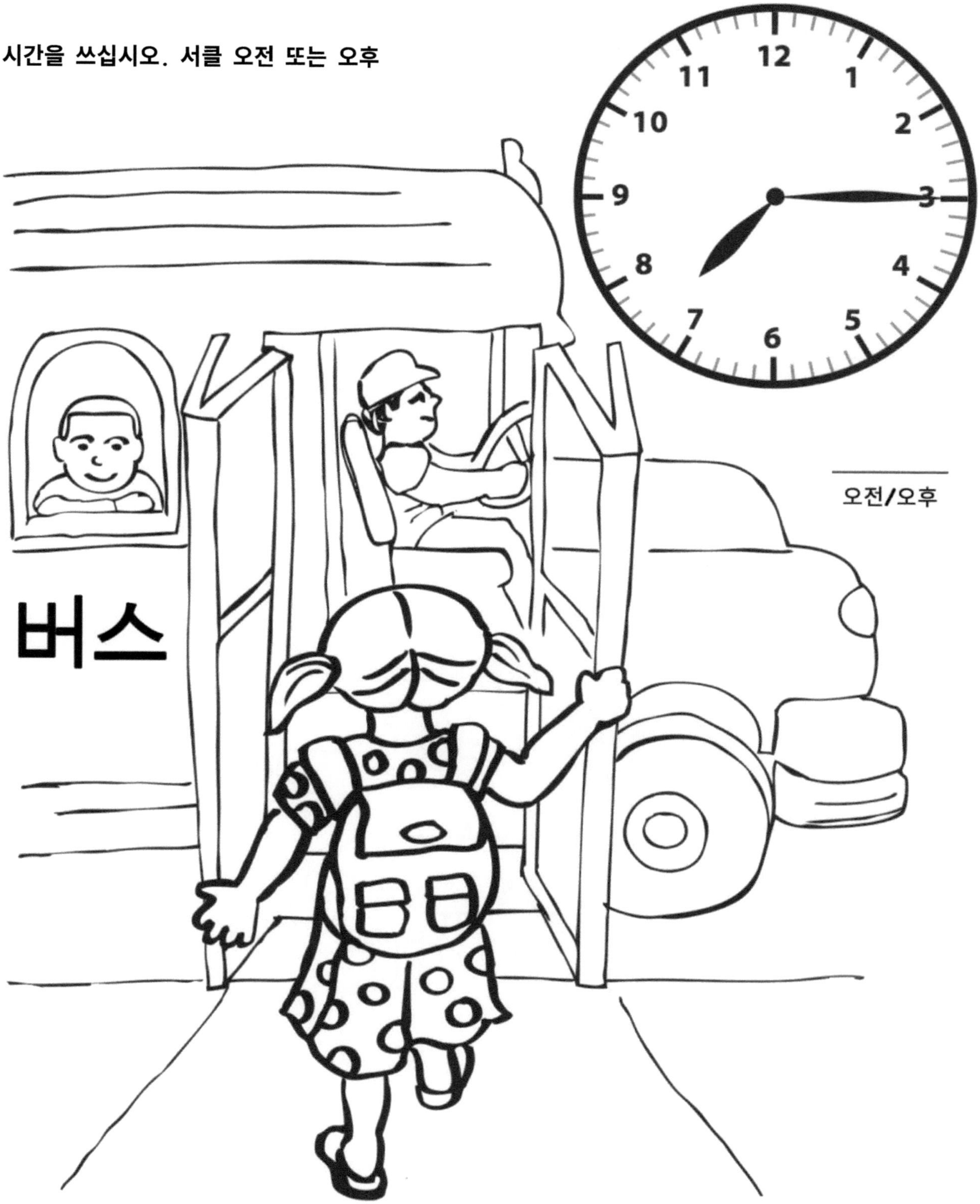


__________
오전/오후

____________________

말하는 시간 이야기 (대)

**시간을 쓰십시오. 서클 오전 또는 오후.**

말하는 시간 이야기 (대)



EUREKA MATH

**시간을 쓰십시오. 서클 오전 또는 오후**

오전/오후

말하는 시간 이야기 (대)

**시간을 쓰십시오. 서클 오전 또는 오후**

말하는 시간 이야기 (대)

**시간을 쓰십시오. 서클 오전 또는 오후**

오전/오후

____________________
말하는 시간 이야기 (대)

**시간을 쓰십시오. 서클 오전 또는 오후**

______________________________

말하는 시간 이야기 (대)

      **15과:**     가장 가까운 5 분까지 시간을 알려주십시오. 말하다 *오전* 과 *오후* 에 시간.

EUREKA MATH®

## R (문제를 주의 깊게 읽으십시오.)

토요일에 Jean은 한 시간 동안 만 만화를 볼 수 있습니다. 그녀의 첫 번째 만화는 14 분, 두 번째 만화는 28 분 동안 지속됩니다. 5 분의 휴식 시간 후에 진은 15 분의 만화를 본다. 진은 만화를 보는 데 시간이 얼마나 걸립니까? 그녀는 시간 제한을 Did습니까?

## D (그림을 그립니다.)

## W (방정식을 작성하고 풉니다.)

## W (이야기와 일치하는 문장을 작성하십시오.)

_______________________________________________

_______________________________________________

_______________________________________________



**16과:** 전체 시간 30 분과 관련된 경과 시간 문제를 해결하십시오.

EUREKA MATH

이름 ___________________________________     날짜 _______________

1. 시간이 얼마나 되었습니까?

   a. 6:30 a.m. → 7:00 a.m.     ______________

   b. 4:00 p.m. → 9:00 p.m.     ______________

   c. 11:00 a.m. → 5:00 p.m.     ______________

   d. 3:30 a.m. → 10:30 a.m.     ______________

   e. 7:00 p.m. → 1:30 a.m.     ______________

   f.
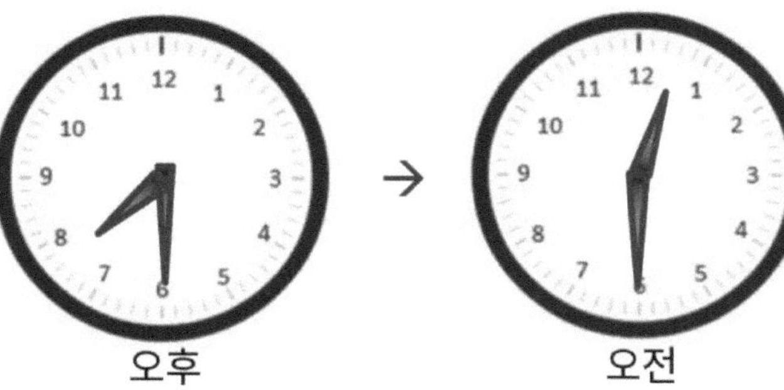

    ______________

   g.
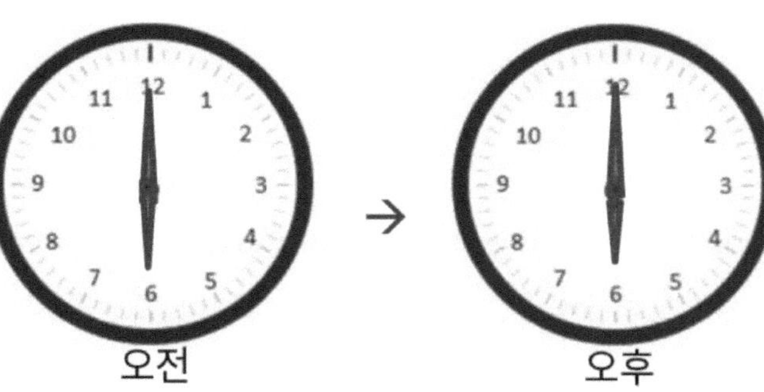

    ______________

   h.
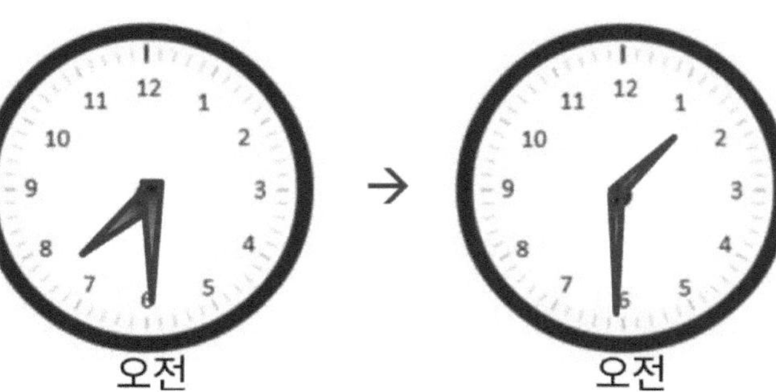

    ______________

2. 풀기.

    a. 트레이시는 오전 7시 30 분에 학교에 도착합니다 그녀는 오후 3시 30 분에 학교를 떠난다 얼마나 오래 학교에서 트레이시?

    b. Anna는 댄스 연습에 3 시간을 보냈습니다. 그녀는 오후 6:15에 끝냈습니다. 몇시에 시작 했어?

    c. Andy는 오후 4시 30 분에 야구 연습을 마쳤습니다. 그의 연습 시간은 2 시간이었습니다. 야구 연습은 몇시에 시작 했나요?

    d. 마커스는 도로 여행을했다. 그는 월요일 오전 7시에 출발하여 오후 4 시까 지 운전했습니다. 화요일에 마커스는 오전 6시에서 오후 3시 30 분까지 운전했습니다. 그는 얼마나 오래 운전 했습니까 월요일과 화요일에?

    **16과:**    전체 시간 30 분과 관련된 경과 시간 문제를 해결하십시오.

이름 ________________________________      날짜 ________________

시간이 얼마나 되었습니까?

1. 3:00 p.m. → 11:00 p.m.      ________________

2. 5:00 a.m. → 12:00 p.m. (정오)      ________________

3. 9:30 p.m. → 7:30 a.m.      ________________

# 크레딧

Great Minds®는 모든 저작권 자료 재인쇄 허가를 얻기 위해 모든 노력을 기울이고 있습니다. 저작권이 있는 자료의 소유자가 여기에서 인정되지 않은 경우, 앞으로 이 모듈의 개정판 및 재판에 대하여 Great Minds에 적절한 승인에 대해 문의해 주시기 바랍니다.

Printed by Libri Plureos GmbH in Hamburg,
Germany